Bibliografische Information der Deutschen Nationalbibliothek:

Die Deutsche Bibliothek verzeichnet diese Publikation in der Deutschen Nationalbibliografie; detaillierte bibliografische Daten sind im Internet über http://dnb.d-nb.de/ abrufbar.

Impressum:

Druck und Bindung: Books on Demand GmbH, Norderstedt Germany
ISBN: 9783656269687

Dieses Buch bei GRIN:

https://www.grin.com/document/199972

Martin Wellnhofer

Energiepolitik in Deutschland nach Fukushima: Der Einfluss des Atomunglücks auf die deutsche Energiepolitik

GRIN Verlag

Friedrich-Schiller-Universität Jena

Chemisch-Geowissenschaftliche Fakultät

Institut für Geographie

Die Neuausrichtung der deutschen Energiepolitik vor dem Hintergrund des Atomunfalls in Japan

Bachelorarbeit zur Erlangung des akademischen Grades

Bachelor of Science (B.Sc.)

im Fach Geographie

vorgelegt von: Martin Wellnhofer

Jena, den 12.08.2011

Inhalt

Abbildungs- und Tabellenverzeichnis

1 Einleitung

Am 11. März 2011 ereignete sich in Japan eine Naturkatastrophe, welche eine weltweite Debatte über die nukleare Energiegewinnung auslöste und die Sicherheit von Kernkraftwerken, nach dem Atomunfall von Tschernobyl 1986, erneut in Frage stellt. Ein Tsunami, der durch ein starkes Erdbeben vor der nordöstlichen Pazifik-Küste ausgelöst wurde, zerstörte weite Teile der Region an der nördlichen Ostküste Japans, forderte zehntausende Menschenleben und führte letztlich, nach einer Aufeinanderfolge unglücklicher Ereignisse, zu einem Reaktorunfall im Kernkraftwerk von Fukushima. Das zerstörerische Ausmaß der Katastrophe und die nicht abzuschätzenden Folgen des Nuklearunfalls lösten in vielen Nationen eine Debatte über die Frage nach der Sicherheit von Atomkraftwerken vor vergleichbaren Naturkatastrophen und anderen Gefahrenquellen aus.

Den Atomkraftwerksbetreibern der Europäischen Union oblag es nun in Eigenverantwortung, ihre Kraftwerke einer Sicherheitsprüfung zu unterziehen. Insbesondere die deutsche Bundesregierung reagierte schon kurz nach dem Ereignis in Japan mit einer Maßnahme, die sich deutlich von den Entscheidungen anderer europäischer Länder unterschied. Bereits drei Tage nach dem Reaktorunglück, am 14. März 2011, verkündete die Bundeskanzlerin Angela Merkel alle 17 in Betrieb befindlichen deutschen Kernkraftwerke auf ihre Sicherheit überprüfen zu lassen und die sieben ältesten Atommeiler mit sofortiger Wirkung vom Stromnetz zu nehmen.

Dieses sogenannte Atom-Moratorium, welches laut dem 2010 verabschiedeten Atomgesetz im Falle einer Gefahrenabwehr eingesetzt werden kann, war so lang gültig, bis eine Einigung über die weitere Vorgehensweise der zukünftigen Energieerzeugung gefunden wurde. Eine eigens dafür einberufene Ethik-Kommission sollte innerhalb von drei Monaten darüber entscheiden, ob die sieben abgeschalteten Atomkraftwerke vom Netz bleiben und wie, daraus folgend, ein sicherer Weg in das Zeitalter der erneuerbaren Energien ermöglicht werden kann. Der Schwerpunkt lag dabei auf einer Bewertung der Sicherheit von Atomkraftwerken, die in einer Energiedebatte unter anderem mit Akteuren aus Wirtschaft und Umwelt diskutiert wurde. Als Grundlage für die Diskussion diente eine technische Überprüfung der Atommeiler, die von der Reaktorsicherheitskommission während der Zeit des Moratoriums durchgeführt wurde. Schon vor der eigentlichen Entscheidung über die zukünftige Energieversorgung zeichnete sich ein Trend ab, der einen schnelleren Ausstieg aus der Atomstromproduktion immer wahrscheinlicher werden ließ. Bereits vor dem Ende des Atom-Moratoriums verkündete die Bundesregierung, dass der Atomausstieg bis 2022 erfolgen soll. Daraus folgte, dass alle Atomkraftwerke, die nach dem Atomunfall in Fukushima abgeschaltet wurden, zukünftig nicht mehr für die Energiebereitstellung eingesetzt werden.

Mit dieser Entscheidung schlägt die Bundesregierung einen neuen Weg in ihrer Energiepolitik ein und revidiert das im Oktober 2010 beschlossene Energiekonzept, welches schon damals, nicht nur seitens der oppositionellen Parteien SPD und Grüne, sondern auch von der gesellschaftlichen Mehrheit, auf heftige Kritik und Gegenwehr stieß. Um eine bezahlbare, umweltschonende und wirtschaftliche Energieversorgung bereitzustellen, war in diesem Energiekonzept eine Laufzeitverlängerung deutscher Atomkraftwerke von acht bis 14 Jahren vorgesehen (BMWI & BMU 2010:15). Dieser sowie neun weitere Eckpunkte des Energiekonzepts wurden am 28. Oktober 2010 zur Gesetzesgrundlage der deutschen Energiepolitik.

Während die Union den Gesetzesentwurf als „Meilenstein der Energiepolitik" (DEUTSCHER BUNDESTAG 2010:o.S.) bezeichnete, unterstellten die Parteien SPD, Linke und Grüne, dass die Entscheidung einer Laufzeitverlängerung in erster Linie unter dem Einfluss der führenden Energiekonzerne getroffen wurde (DEUTSCHER BUNDESTAG 2010:o.S.). Auch in der Gesellschaft fand der Beschluss des neuen Atomgesetzes keine mehrheitliche Akzeptanz und führte vor allem in Berlin zu Massendemonstrationen (o. Verf. 2009b:o.S.). Die Proteste und Demonstrationen, ob von der Opposition oder seitens der Gesellschaft, zeigten eines ganz deutlich: In Deutschland herrschte nach dem Bundestagsbeschluss im Oktober 2010 kein einheitlicher Konsens über die Entscheidung einer Laufzeitverlängerung von Atomkraftwerken. Die energiepolitische Kehrtwende der Bundesregierung erschwerte daraufhin Investitionsplanungen, der mit erneuerbaren Energien arbeitenden Stromkonzerne, was nicht zuletzt die Wettbewerbsfähigkeit dieser Unternehmen gefährdete.

Nach dem Vorfall in Fukushima schlägt die Bundesregierung nun erneut einen Kurswechsel ein und verkürzt wiederum die Laufzeiten der Atomkraftwerke, die nicht unmittelbar nach der Atomkatastrophe vom Netz genommen wurden. Die deutsche Energiepolitik findet somit wieder einen Anschluss an die energiepolitischen Vorgaben der rot-grünen Bundesregierung, welche bereits 2002 einen derartigen Atomausstieg in Vereinbarung mit den Energiekonzernen beschlossen hatte.

Wie im geschichtlichen Abriss der Energiepolitik bereits angedeutet wird, zeigt sich in der deutschen Energiepolitik seit mehr als zehn Jahren ein stetiger Wandel, der immer wieder eine gesamtgesellschaftliche Diskussion über die Notwendigkeit der atomaren Energiegewinnung zur Folge hat. Die Planungsvorgaben zum Ausstieg aus der Atomenergie konnten von der rot-grünen Bundesregierung von 1998 bis 2005 und unter der Regierung der großen Koalition bis 2009 zum Großteil umgesetzt werden. Ein erster politischer Diskurs bahnte sich jedoch mit dem Regierungswechsel 2009 an, als die koalierten Parteien CDU/CSU und FDP eine Laufzeitverlängerung deutscher Kernkraftwerke beschlossen. Nun, nach der Atomkatastrophe von Fukushima im März 2011, wurde in Deutschland eine erneute Debatte über die zukünftige Energieversorgung ausgelöst, die sich nicht nur mit der Frage einer Laufzeitverlängerung von Atomkraftwerken auseinandersetzt. Die in den Medien verbreitete Energiedebatte beschäftigt sich vor allem mit der Frage, wie ein frühzeitiger Ausstieg aus der Atomenergie durch die zusätzliche Nutzung fossiler Energieträger, wie Stein- und Braunkohle, kompensiert werden kann, ohne dabei die vorgegebenen Klimaschutzziele und den Ausbau erneuerbarer Energien zu vernachlässigen.

Ziel und Inhalt der vorliegenden Bachelorarbeit ist eine Analyse der medialen Berichterstattung der Tageszeitungen Frankfurter Allgemeine Zeitung, Süddeutsche Zeitung und Die Zeit. Dabei wird untersucht, durch welche Ereignisse und Akteure die im März 2011 ausgelöste Energiedebatte in Deutschland zustande gekommen ist und welche Hintergründe zum aktuellen energiepolitischen Diskurs geführt haben. Um die politischen Entscheidungen nachvollziehen zu können, wird ein holistischer Ansatz hergestellt, der die energiepolitischen Diskurse seit den Anfängen des geplanten Atomausstiegs im Jahr 1998 beschreibt und damit Voraussetzung für eine vergleichende Analyse dieser Diskurse ist.

Im ersten Teil der Arbeit wird zunächst die Diskursanalyse, als angewandtes qualitatives Analyseverfahren für die Bearbeitung der Medienberichte, sowohl in der Theorie als auch in der Methodik näher erläutert. Die im zweiten Abschnitt beschriebenen Eckpunkte der Atomkonsensvereinbarung von 2000 dienen als Grundlage für die darauffolgenden beiden Abschnitte, in denen zum einen die Hintergründe der 2010 beschlossenen Laufzeitverlängerung deutscher Atomkraftwerke und zum anderen die erneute Kehrtwende in der Energiepolitik, hin zu einem schnelleren Ausstieg aus der Kernenergie, diskursanalytisch untersucht werden. In einem abschließenden Fazit werden die Ergebnisse der Diskursanalyse sowie deren Bezug zur Ausgangslage der deutschen Atomausstiegspolitik zusammengefasst.

2 Theoretische Grundlagen und methodische Überlegungen

In diesem Abschnitt der vorliegenden Arbeit soll zunächst die methodische Vorgehensweise, die zur Analyse der Forschungsschwerpunkte angewandt wurde, sowie deren theoretischer Hintergrund näher erläutert werden. Um die historische und gegenwärtige Entwicklung der deutschen Energiepolitik zu untersuchen, bietet sich das Verfahren der Diskursanalyse an. Wie bereits in der Einleitung angesprochen, bezieht sich dieses Analyseverfahren vorrangig auf die Auswertung von Medienberichten, die in Form von Zeitungsartikeln in überregionalen deutschen Tageszeitungen veröffentlicht wurden. Hierzu zählen ebenfalls textförmige und audiovisuelle Daten, die auf den jeweiligen Internetseiten der Zeitungen auffindbar sind.

2.1 Die Diskurstheorie

Ein Diskurs bezeichnet im Allgemeinen die in einer aktuellen Debatte geführten öffentlichen Diskussionen, Positionen und Äußerungen von Politikern und anderen beteiligten Akteuren (KELLER 2011:13). Diskurse sind die Folge von Ereignissen, die sich in der realen Welt zugetragen haben. Dies können beispielsweise politische Wahlentscheidungen, Terroranschläge oder, wie in der zu untersuchenden Fragestellung, der Reaktorunfall in Fukushima sein (JÄGER 2004:132). Vergangene Diskurse können dabei so problematisiert werden, dass sich ein sogenannter Gegen-Diskurs entwickelt, der sich gegen einen vorherrschenden Diskurs wendet. Ein Diskurs ist demnach nur ein Teil einer zeitlich begrenzten Abfolge von hegemonialem Wissen, das teilweise sozial verfestigt ist (JÄGER 2004:129).

Um einen Diskursstrang „historisch und gegenwartsbezogen zu analysieren und zu kritisieren“ (JÄGER 2004:188), wird das Verfahren der Diskursanalyse angewendet. Die Aufgabe dieses Analyseverfahrens ist es nun, das zeitlich begrenzte Wissen bzw. den vorherrschenden Diskurs kritisch zu hinterfragen, Bedeutungsinhalte aufzudecken und eventuell auf die Entstehung von Gegen-Diskursen sowie deren Ursachen und Hintergründe einzugehen.

2.2 Das Verfahren der Diskursanalyse

Die Diskursanalyse ist ein größtenteils qualitatives Analyseverfahren, das Handlungen und Machtwirkungen, die aufgrund von sprachlichen Wirkungsmitteln zustande gekommen sind, analysiert und deren Auswirkungen auf den Gesamtkontext des Diskurses untersucht (JÄGER 2004:127). Die Machtwirkungen der am Diskurs beteiligten Akteure werden mithilfe verschiedener Redeweisen und Konzepte ausgeübt und können somit einen entscheidenden Einfluss auf die sozio-historische Entwicklung der Gesellschaft haben.

Im Allgemeinen sieht die Methodik einer Diskursanalyse vor, Texte in ihre elementaren Diskursfragmente zu untergliedern. Diese Textbestandteile, welche sich jeweils auf ein bestimmtes Themengebiet des Diskurses beziehen, ergeben in ihrer Gesamtheit einen Diskursstrang, der einen „thematisch einheitliche[n] Wissens[fluss] durch die Zeit" (JÄGER 2004:160) widerspiegelt. Damit ist gemeint, dass ein Diskursstrang im Laufe der Zeit durch die mediale Verbreitung seiner diskursiven Ereignisse gekennzeichnet und durch diese zugleich beeinflussbar ist. Findet ein reales Ereignis kein medienwirksames Interesse, so hat dies auch keinen Einfluss auf den Verlauf und die Entwicklung des hegemonialen Diskurses. Wird ein reales Ereignis andererseits, wie im Fall des Reaktorunfalls in Fukushima, zu einem medialen Großereignis, so kann es einen beachtlichen Einfluss auf die politischen Entscheidungen eines Landes haben. Die Diskursanalyse trägt im Wesentlichen dazu bei, zu ermitteln, ob Ereignisse dieser Art zu diskursiven Ereignissen werden und welche Auswirkungen sie auf aktuelle hegemoniale Diskurse haben (JÄGER 2004:162).

2.3 Die qualitative Inhaltsanalyse als vorverarbeitender Schritt der Feinanalyse

Für die Bearbeitung der zu untersuchenden Fragestellung bietet es sich an, für eine vorverarbeitende Strukturanalyse, auf das Verfahren der qualitativen Inhaltsanalyse zurückzugreifen. Diese Methode analysiert nicht, wie die quantitative Inhaltsanalyse, die Anzahl bestimmter Textelemente, sondern legt mehr Wert auf die inhaltlichen Aussagen von Textbestandteilen, die in Bezug zur übergeordneten Fragestellung der Diskursanalyse eine kontextuelle Verbindung ermöglichen.

Der Grundgedanke der qualitativen Inhaltsanalyse ist die Erarbeitung eines Kategoriensystems, welches vor der Bearbeitung des Textmaterials die wichtigsten thematischen Aspekte festlegt, um somit eine Voraussetzung für die vergleichende Analyse von unterschiedlichen Kategorien herzustellen (MAYRING 1999:91).

Laut MAYRING findet die qualitative Inhaltsanalyse heute in nahezu allen Wissenschaftsbereichen Anwendung und kann folgend auch für die Untersuchung naturwissenschaftlicher, speziell in diesem Fall humangeographischer, Themengebiete in Betracht gezogen werden. Der Sinngehalt dieses methodischen Verfahrens liegt insbesondere darin begründet, eine systematische Technik für die Analyse von Texten zu verwenden, die einer quantitativen Auswertung von sprachlichem Material zuvorkommt (MAYRING 2000:469). Eben dieses sprachliche Material, welches in Form von medialen Textfragmenten vorliegt, ist die grundlegende Voraussetzung für die inhaltliche Analyse der in den Fragmenten getroffenen Aussagen.

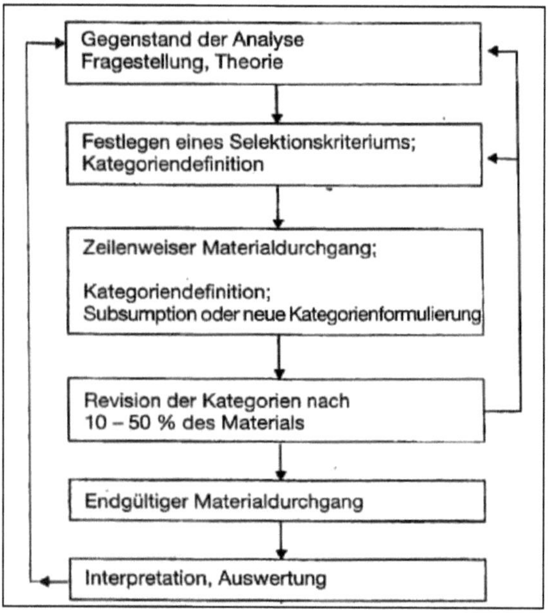

Abbildung 1: Ablaufmodell induktiver Kategorienbildung (MAYRING 1999:93)

Weiter beschreibt MAYRING in seinen Ausführungen drei Grundformen der qualitativen Inhaltsanalyse. Die Zusammenfassung, als eine der drei Grundformen, bezeichnet dabei eine induktive Kategorienbildung, die als ein Teil des Analyseverfahrens angewendet wird, um das Textmaterial nach seiner Relevanz im Hinblick auf den Gesamtkontext bzw. den Gegenstand der Analyse zu gewichten. Die Kategoriendefinitionen werden, wie in Abbildung 1 dargestellt, durch einen zeilenweisen Materialdurchgang festgelegt. Eine Kategorie wird also definiert, wenn ein Satz oder ein Begriff „nahe am Material formuliert" (MAYRING 1999:92) und im weiteren Verlauf eines Textes wiederzufinden ist. Nachdem alle Kategorien gebildet wurden, werden sie nach ihrer Logik in Bezug auf die vorhandene Thematik überprüft und, falls notwendig, nochmals korrigiert (MAYRING 1999:93).

Die qualitative Inhaltsanalyse nach MAYRING stellt einen übergeordneten Begriff für verschiedene Analyseverfahren qualitativer Forschungsmethoden dar. Wie auch REUBER & PFAFFENBACH beschreiben, „greift die Analyse von Diskursfragmenten sehr stark auf Strategien, Formen und Perspektiven der klassisch-interpretativen Textanalyse zurück" (REUBER & PFAFFENBACH 2005:214) und wird somit als ein vorverarbeitender Schritt in die Diskursanalyse einbezogen. Für die hier vorliegende Problematik, welche eine Veränderung bzw. Neuausrichtung der Energiepolitik beschreibt, wird die qualitative Inhaltsanalyse als grundlegendes Verfahren für die Feinanalyse von Diskursfragmenten angewandt, um die Inhalte der Texte nachfolgend „als Bestandteil eines gesellschaftlichen und historisch verankerten Gesamtdiskurses" (JÄGER 2004:119) zu verstehen.

2.4 Konkrete methodische Vorgehensweise

Um die Diskurse der Energiepolitik zu analysieren, wurde das diskursanalytische Verfahren in leicht abgewandelter Form individuell auf die zu untersuchende Fragestellung zugeschnitten. Dies resultiert aus der Tatsache, dass JÄGER sein methodisches Vorgehen lediglich als eine Richtlinie, und weniger als strenge Vorgabe, für die Analyse von Textmaterial sieht (JÄGER 2004:172). Für die Bearbeitung der Thematik wurde demnach ein Verfahren erstellt, das den Diskurs in erster Linie auf seine inhaltlichen Schwerpunkte untersucht, um diese hinsichtlich ihrer Relevanz in den Gesamtkontext der Energiedebatte einordnen zu können. Eine quantitative Datenerfassung, wie beispielsweise die Auszählung aller Medienberichte, die nach einem diskursiven Ereignis erschienen sind, wird dabei ebenso wie die Untersuchung „spezifischer-rhetorischer Mittel“ (KELLER 2011:70) nur bedingt in die Diskursanalyse einbezogen, da eine sprachwissenschaftliche Analyse der Texte eher von untergeordneter Bedeutung ist. Vielmehr soll der Schwerpunkt der Analyse, wie oben erwähnt, auf den Inhalten getroffener Aussagen von Politikern und beteiligten Akteuren liegen, die in den Kontext des allgemeinen Diskursstrangs eingeordnet werden (JÄGER 2004:71).

Das für die Diskursanalyse verwendete Datenmaterial umfasst, neben weiteren gesammelten Datenmaterialien, insgesamt 60 Zeitungsartikel der Tageszeitungen Frankfurter Allgemeine Zeitung, Süddeutsche Zeitung und Die Zeit. Für die Feinanalyse der energiepolitischen Diskurse von 2010 und 2011 wurden jeweils 30 Artikel nach spezifischen Kriterien ausgewählt. Hierbei sei angemerkt, dass die verwendeten Texte sowohl tägliche Meldungen und Berichte als auch Interviews umfassen. Neben den ausgewählten Diskursfragmenten wird der Datenkorpus zusätzlich durch weitere textförmige und audiovisuelle Medienformate ergänzt. Dies ist insbesondere notwendig, um die in der Feinanalyse untersuchten diskursiven Abläufe in den Gesamtkontext des Diskurses einordnen zu können.

Die Auswahl der Diskursfragmente erfolgte, wie oben angesprochen, nach spezifischen Auswahlkriterien. In der Vorbearbeitung des Datenmaterials wurde dazu eine Hierarchie erstellt, welche die wichtigsten Stichwörter zum Thema „Neuausrichtung der deutschen Energiepolitik“ enthält (JÄGER 2004:191). Die Wahl der Stichwörter erfolgte, nachdem ein Datenkorpus der wesentlichen Medien gesichtet und nach Themen und Unterthemen in ihrer qualitativen und quantitativen Bandbreite aufbereitet wurde (JÄGER 2004:174). Alle Stichwörter wurden nachfolgend, wie in Abbildung 2 dargestellt, einer Hierarchie zugeordnet, welche die Themengebiete nach ihrer Relevanz für die diskursanalytische Untersuchung gliedert. Mit dieser getroffenen Auswahl konnte schon vor der Feinanalyse des Datenmaterials eine Einteilung der wichtigsten Begriffe, die sich in den Aussagen, der an der Energiedebatte beteiligten Politiker und Akteure wiederfinden, vorgenommen werden.

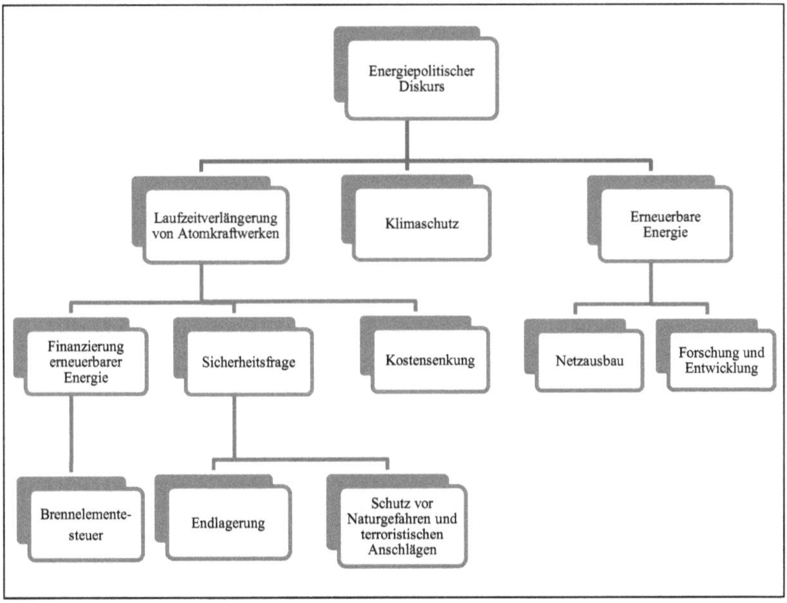

Abbildung 2: Stichworthierarchie für die Artikelauswahl der Feinanalyse (eigene Darstellung)

Mithilfe der Stichworthierarchie konnten nun für beide Energiedebatten jeweils 30 repräsentative Zeitungsartikel ausgesucht werden, in denen die festgelegten Stichworte thematisiert werden. Des Weiteren wurden die Diskursfragmente so gewählt, dass sie möglichst einen Zeitraum abdecken, der vom Beginn des Diskurses bis zum Dispositiv – der Etablierung des Diskurses in der „materiellen und ideellen Infrastruktur" (KELLER 2011:68) – reicht, um so die gesamte Bandbreite des Diskursstrangs qualitativ zu erfassen.

Die Untersuchung der archivierten Diskursfragmente orientiert sich in erster Linie an den von JÄGER beschriebenen Analyseschritten. Für die Bearbeitung der zu untersuchenden Thematik wird das Verfahren jedoch in einer modifizierten Form angewendet. Die Analyse eines Diskursfragments bzw. Zeitungsartikels umfasst somit, wie in Tabelle 3 dargestellt, folgende fünf Analyseschritte:

Tabelle 1: Analyseverfahren für die Bearbeitung einzelner Diskursfragmente (eigene Darstellung auf Grundlage von JÄGER 2004:175ff.)

Analyseschritte	Modifikation
1. Institutioneller Rahmen	• Einordnung des Artikels in ein Medium • Aufmachung des Titels • Bestimmung von Autor, Erscheinungsdatum, Textsorte, Rubrik
2. Text-Oberfläche	• Graphische Gestaltung (Bilder, Graphiken, Überschriften, Zwischenüberschriften) • Inhaltsbeschreibung des gesamten Textes sowie einzelner Abschnitte • Inhaltliche Bezüge zu anderen Diskurssträngen notieren
3. Sprachlich-rhetorische Mittel	• Argumentationslinie des Autors • Analyse bildhaft-sprachlicher Mittel (Kollektivsymbolik/Bildlichkeit) • Untersuchung des Schreibstils (neutral, kritisch) und des gewählten Wortschatzes
4. Inhaltlich-ideologische Aussagen	• Analyse von Anhaltspunkten ideologischer Aussagen, z.B. bezogen auf Positionen des grundsätzlichen Gesellschaftverständnisses, zu neuartigen Technologien etc.
5. Interpretation	• Zusammenfassung der unter Punkt 1. bis 4. untersuchten Analyseschritte

Nach der Feinanalyse aller Diskursfragmente werden die analysierten Zeitungsartikel zusammengefasst und in ihrer Gesamtheit interpretiert. Für die Analyse des gesamten diskursiven Kontextes werden anschließend alle wesentlichen Ergebnisse zusätzlich gesammelter Daten hinzugefügt und gemeinsam mit den Ergebnissen der Feinanalyse interpretiert.

3 Die deutsche Energiepolitik von 1998 bis 2009

Dieses Kapitel der Arbeit bezieht sich auf die Anfänge der deutschen Atomausstiegspolitik, die erstmals seit 1998, nach dem Antritt der rot-grünen Bundesregierung, ein Teil der deutschen Energiepolitik wurde. Der hegemoniale Diskurs dieser Legislaturperiode stellt den Ausgangspunkt für die Analyse aller darauffolgenden energiepolitischen Diskurse dar. Die Untergliederung des Diskursstrangs in seiner zeitlichen Abfolge soll es erlauben, gegenwärtige und zukünftige diskursive Abläufe in den Gesamtkontext des energiepolitischen Diskurses einzuordnen (JÄGER 2004:169). Aus diesem Grund werden die folgenden Ausführungen detailliert beschrieben, um so gegebenenfalls auch diskursive Zusammenhänge zwischen gegenwärtigen und vergangenen Handlungen aufzeigen zu können.

3.1 Energiepolitische Ziele

Die energiepolitischen Ziele der rot-grünen Bundesregierung beziehen sich in erster Linie auf eine Beschleunigung des Ausbaus erneuerbarer Energien. Um dieses Ziel zu erreichen und um die gesellschaftlichen Risiken der Kernenergie zu umgehen, sollte der Ausbau der Atomkraftwerke in Deutschland in Zukunft nicht mehr gefördert, sondern schnellstmöglich beendet werden. Die Kernpunkte der energiepolitischen Ziele umfassen zum einen das Verbot des Neubaus von kommerziellen Atomkraftwerken und zum anderen eine Beschränkung des Betriebs von bestehenden Anlagen. Beide Schwerpunkte sowie weitere energiepolitische Vorgaben der Atomausstiegspolitik werden im Folgenden näher erläutert.

Durch die Beschränkung des Betriebs von atomaren Anlagen wird eine maximal zulässige Reststrommenge festgelegt, die bis zur endgültigen Stilllegung des Atomkraftwerks produziert werden darf. Nachdem die jeweils vorgesehene Reststrommenge eines Kraftwerks erreicht worden ist, wird der Betrieb der Anlage eingestellt. Für eine flexible Nutzung der Energie können Reststrommengen „von weniger wirtschaftlichen auf wirtschaftlichere Anlagen“ (BMU 2000:5) oder mit anderen Worten, von älteren Atomkraftwerken auf jüngere Atomkraftwerke übertragen werden. Diese Form der Energieübertragung ist zwar gesetzlich erlaubt, bedarf jedoch der Zustimmung einer Arbeitsgruppe, „die sich aus drei Vertretern der beteiligten

Unternehmen und drei Vertretern der Bundesregierung zusammensetzt“ (BMU 2000:12).

Die jährliche Reststrommenge von bestehenden Anlagen wird auf Grundlage ihrer Restlaufzeit bestimmt. Die noch verbleibende Restlaufzeit wird dabei für jedes Kraftwerk auf 32 Jahre seit seiner Inbetriebnahme befristet (BMU 2000:4). Ein weiterer Aspekt des geplanten Atomausstieges ist die Aufrechterhaltung eines hohen Sicherheitsstandards bei bestehenden Atomkraftwerken und sonstigen kerntechnischen Anlagen. Um ein hohes Sicherheitsniveau zu gewährleisten, unterliegen alle Anlagen der Pflicht einer Sicherheitsüberprüfung, die in einem Abstand von 10 Jahren wiederholt wird (BMU 2000:7).

Auch bei der Endlagerfrage werden die Sicherheitsanforderungen erhöht. Statt einem zentralen Entsorgungslager, in dem alle Endlagerprodukte der Kernkraftwerke gespeichert sind, sollen mehrere Zwischenlager in dezentraler Lage errichtet werden. Die Entsorgung radioaktiver Abfälle soll zukünftig „auf die direkte Endlagerung beschränkt“ (BMU 2000:8) werden, was zur Folge hat, dass Abfallmengen in unmittelbarer Nähe zu den Atomkraftwerken gelagert werden. Da der Bau der Zwischenlager eine Zeit von fünf Jahren in Anspruch nehmen sollte, war der Transport von Wiederaufbereitungsprodukten nur innerhalb dieses Zeitraums erlaubt. Ab dem 1. Juli 2005 sollte die Abgabe von Brennelementen an Wiederaufbereitungsanlagen verboten werden (BMU 2000:8).

Neben den angesprochenen Schwerpunkten der Atomausstiegspolitik, hatte die rot-grüne Bundesregierung den Anspruch eine umweltverträgliche und wettbewerbsfähige Energieversorgung bereitzustellen, um im Ergebnis eine Vielzahl von Arbeitsplätzen im Energiedienstleistungsbereich sichern zu können (BMU 2000:12).

3.2 Planung und rechtliche Absicherung des Atomausstiegs

Vor dem Hintergrund der gesellschaftlichen Auseinandersetzung um die Verantwortbarkeit der Kernenergie wurde deren geordnete Beendigung in der Vereinbarung vom 14. Juni 2000 beschlossen. Zuvor hatten die regierenden Parteien SPD und Bündnis 90/Die Grünen in ihrem Koalitionsvertrag 1998 den Ausstieg aus der Nutzung der Kernenergie vereinbart. Diesbezüglich einigten sich die Bundesregierung und führende Energieversorgungsunternehmen am 14. Juni 2000 die oben genannten energiepolitischen Ziele umzusetzen. Die formulierten Kernpunkte der Vereinbarung traten ab 27. April 2002 mit dem Entwurf des Atomausstiegsgesetzes in Kraft. Der neue Gesetzesentwurf sollte eine Richtlinie für eine deutsche Energieversorgung sein, in der ein Ausbau erneuerbarer Energien durch die geordnete Beendigung der Kernenergie gefördert wird. Die Atomgesetznovelle, welche an Stelle des Atomförderungsgesetzes von 1959 trat, bezeichnete der damalige Bundesumweltminister Jürgen Trittin als „die konsequente Antwort auf Tschernobyl" (BMU 2002c:o.S.). Es sollte die Grundlage für eine zukunftsfähige Energiepolitik sein, in der die Forschung und Entwicklung sowie die Marktfähigkeit energieeffizienter Technologien vorangetrieben wird.

3.3 Nationale Klimaschutzziele

3.3.1 Allgemeine Zielsetzungen

Der Beschluss einer geordneten Beendigung der Kernenergie verlangte von der rot-grünen Bundesregierung eine Modifikation der Klimaschutzziele, in welcher die Emission klimaschädlicher Treibhausgase, trotz des Ausstiegs aus der CO_2-emissionsarmen Kerntechnologie, kompensiert und rapide gemindert werden kann. Aufgrund dieser notwendigen Veränderung sowie der allgemeinen umweltpolitischen Herausforderung an den weltweiten Klimawandel beschloss die Bundesregierung am 18. Oktober 2000 das nationale Klimaschutzprogramm. Es sollte einer kontinuierlichen Fortentwicklung der Klimaschutzpolitik dienen und somit eine Richtlinie für eine nachhaltige Entwicklung einer umweltfreundlichen Energieversorgung sein (BMU 2000a:14). Mit dem nationalen Klimaschutzprogramm sollten die Kohlendioxid-emission bis 2005 gegenüber 1990 um 25 Prozent und die Emissionen der sechs Treibhausgase des Kyoto-Protokolls im Zeitraum 2008 bis 2012 um 21 Prozent (BMU 2000b:2) reduziert werden. Für das Erreichen der Ziele sollte sich der Anteil erneuerbarer Energien am Energieträgermix bis 2010 verdoppeln. Grundlegend dafür war ein Ausbau der Kraft-Wärme-Kopplung und damit verbunden, eine Steigerung der Energieproduktivität.

Der beschlossene Ausstieg aus der Nutzung der Kernenergie stellte die nationale Klimaschutzpolitik jedoch vor eine neue Herausforderung: Die geordnete Beendigung der emissionsarmen Kernenergie, welche am 14. April 2000 mit der Vereinbarung zwischen Bundesregierung und Energieversorgungsunternehmen beschlossen wurde, musste durch alternative Energieträger mit einer möglichst geringen Treibhausgasemission kompensiert werden. Dieser Aspekt gab, neben den allgemein formulierten Klimaschutzzielen, einen Anlass zum Umdenken in der Nutzung vorhandener Energieressourcen. Die zukünftige Energieversorgung sollte sich demnach „am Leitbild der Nachhaltigkeit orientier[en] und den Kriterien Versorgungssicherheit, Wirtschaftlichkeit und Umweltverträglichkeit“ (BMU 2000a:27) gerecht werden.

3.3.2 Konkrete Maßnahmen

In der Energiebereitstellung und Energienutzung sollten Einsparpotentiale durch einen sparsameren Energieeinsatz gewonnen werden. Die Kraft-Wärme-Kopplung trägt einen wesentlichen Anteil an der Erhöhung der Energieproduktivität. Durch ihren Ausbau sollte bis 2010 eine Minderung der Kohlendioxidemissionen von bis zu 23 Mio. Tonnen erreicht werden (BMU 2000a:28).

Um die Energieverluste des Ausstiegs aus der Kernenergie zu kompensieren, wurde der Ausbau fossiler und erneuerbarer Energieträger subventioniert. Da erneuerbare Energien aufgrund fehlender Speichertechnologien keine Grundlast tragen können, sollte diese zunächst durch fossile Energieträger übernommen werden. Investitionen in die Forschung und Entwicklung sollten jedoch in Zukunft den Anteil erneuerbarer Energie an der Grundlast und am Primärenergieverbrauch erhöhen. Der zukünftige Energiemix sollte demnach sowohl aus fossilen Energieträgern (Erdöl, Erdgas, Steinkohle, Braunkohle u.a.) als auch aus erneuerbaren Energieträgern (Windenergie, Bioenergie, Solarenergie, Wasserkraft u.a.) zusammengesetzt sein.

Die Steigerung der Energieeffizienz erforderte zudem eine Anpassung der Energienutzung in den Sektoren private Haushalte, Industrie, Verkehr und Energiewirtschaft. Die nachfolgend beschriebenen Punkte sollen die wichtigsten sektoralen Energieeffizienzmaßnahmen benennen.

Im Sektor private Haushalte waren die größten CO_2-Einsparpotentiale im Wohn- und Gebäudebereich zu erreichen. Die Kernpunkte zielten dabei auf eine Minderung des Gebäudebestandes sowie dessen Anpassung an bestehende klimaschutzpolitische Vorgaben (BMU 2000a:41). Dies betrifft insbesondere die Erneuerung von veralteten Heizungsanlagen sowie den Einbau von Wärmedämmungen (BMU 2000a:41f.). Im Ergebnis sollte eine Senkung des Energiebedarfs von Gebäuden um bis zu 30 Prozent erreicht werden. Mit der Erneuerung des Gebäudebestandes sollten nicht nur die CO_2-Emissionswerte reduziert werden. Der Sanierungsbedarf von Wohngebäuden hatte vor allem positive Effekte auf die Schaffung und Erhaltung von Arbeits- und Ausbildungsplätzen (BMU 2000a:44).

Der Wirtschaftssektor hatte sich das Ziel gesetzt, seinen CO_2-Verbrauch bis 2005 gegenüber 1990 um 20 Prozent zu mindern (BMU 2000a:53). Des Weiteren sollten die Emissionen der sechs Treibhausgase, die im Kyoto-Protokoll aufgeführt sind (CO_2, CH_4, N_2O, SF_6, HFKW und FKW), um 35 Prozent bis 2012 gegenüber 1990 gesenkt werden. Ein energieeffizienter Betrieb industrieller Anlagen sollte in erster Linie durch den Einsatz der Kraft-Wärme-Kopplung – die gekoppelte Nutzung abgegebener Wärme zur Stromzeugung – erreicht werden. Um Anreize für den Ausbau der industriellen Kraft-Wärme-Kopplung zu schaffen, wurden von der Bundesregierung „Steuerermäßigungen und Steuerfreistellungen im Stromsteuer- und Mineralölgesetz" (BMU 2000a:57) festgeschrieben.

Um im Verkehrssektor langfristig einen ressourcenschonenden Energieverbrauch zu gewährleisten, beschloss die Bundesregierung die Einführung einer ökologischen Steuerreform, die zu einem umweltfreundlicheren Handeln im Verkehrsbereich führen sollte. So wurde mit der Erhöhung der Mineralölsteuer und emissionsorientierter Kfz-Steuer ein Anreiz für eine umweltschonende Fahrweise geschaffen (BMU 2000a:63). Kohlendioxidmissionen sollten zudem mit der Förderung der Entwicklung kraftstoffsparender Fahrzeuge reduziert werden. Demnach wurden deutsche Automobilkonzerne von der Bundesregierung aufgefordert, den Kraftstoffverbrauch der seit 2005 hergestellten Fahrzeuge um 25 Prozent gegenüber 1990 zu senken (BMU 2000a:64). Zudem sollte eine weitere Minderung der Treibhausgasemission durch die Einführung umweltfreundlicher und schwefelarmer Kraftstoffe erreicht werden. Zusätzlich wurde ein Gesamtverkehrskonzept erstellt, das eine integrierte Verkehrsplanung auf Grundlage umweltpolitischer Ziele auf regionaler und städtischer Planungsebene verwirklicht (BMU 2000:66a).

Aussagen über die zukünftige Entwicklung der Treibhausgasemission im Energiewirtschaftssektor konnten zum damaligen Zeitpunkt im nationalen Klimaschutzprogramm nicht genau abgeschätzt werden. Inwiefern es in diesem Sektor zu einer Minderung der CO_2-Emissionen kommen sollte, hing von der Nutzung der Kraft-Wärme-Kopplung und dem Ausbau der erneuerbaren Energien ab, wobei insbesondere das Erneuerbare-Energien-Gesetz und das Markteinführungsprogramm für erneuerbare Energien einen Einfluss auf deren Ausbau haben (BMU 2000a:77). Neben den erwähnten Energieträgern sollte sich zudem der Verbrauchsanteil von Erdgas am zukünftigen Energiemix aufgrund seines niedrigen Kohlenstoffdioxidgehalts erhöhen.

3.4 Integriertes Energie- und Klimaprogramm

Am 23. August 2007 beschloss die Bundesregierung die Eckpunkte für ein Integriertes Energie- und Klimaprogramm. Mit diesem Programm wurden die im nationalen Klimaschutzprogramm formulierten Maßnahmen einer umweltschonenden und nachhaltigen Energieversorgung an die zeitliche Entwicklung angepasst und fortgeschrieben. Der Bericht zur Umsetzung des Integrierten Energie- und Klimaprogramms verdeutlicht zum einen den zeitlichen Zwischenstand der im Jahr 2000 geforderten Ziele und beschreibt zum anderen alle notwendigen Maßnahmen, die zum Erreichen der Klimaschutzziele bis 2020 erforderlich sind. Das Maßnahmenpacket des Klimaprogramms wurde auch hier unter dem Gesichtspunkt der geordneten Beendigung der Kernenergie angepasst.

Das Integrierte Energie- und Klimaprogramm sieht vor, die Kraft-Wärme-Kopplung bis 2020 von zum damaligen Zeitpunkt 12 Prozent auf 25 Prozent zu erhöhen. Der Bau neuer Kraft-Wärme-Kopplungs-Anlagen und Wärmenetze wird dabei durch die Novellierung des Kraft-Wärme-Kopplungsgesetzes gefördert. Um Energie einzusparen und effizienter nutzen zu können, wurde die in den Kraft-Wärme-Kopplungs-Anlagen produzierte Wärme in Wärmenetze eingespeist und verteilt (BMWI & BMU 2007:9).

Im Ausbau der erneuerbaren Energien sah die Bundesregierung „ein großes Potential für [den] Klimaschutz und für die Einsparung fossiler Brennstoffe" (BMWI & BMU 2007:4). Der Anteil dieser Energieträger sollte demnach im Jahr 2020 auf 25 bis 30 Prozent steigen und danach weiterhin kontinuierlich erhöht werden. Die Maßnahmen im Ausbau erneuerbarer Energien sollten weiterhin durch das Erneuerbare-Energien-Gesetz gefördert werden. Ein weiterer Eckpunkt für die Integration erneuerbarer Energien im Strombereich ist der Ausbau der Netzinfrastruktur; eine Maßnahme, die vor allem aufgrund dezentral gelegener On- und Offshore-Windenergieanlagen und des grenzüberschreitenden Stromhandels notwendig ist (BMWI & BMU 2007:12).

Für eine energieeffiziente und klimafreundliche Energieversorgung wurde ebenfalls in die Forschung und Entwicklung von Speichertechnologien investiert. Da der Anteil der emissionsarmen Kernenergie am Energiemix weiter schwindet, muss diese durch alternative Energieträger mit einer geringen Treibhausgasemission ersetzt werden. So kann beispielsweise in Steinkohle- und Braunkohlekraftwerken durch die Entwicklung von CCS-Technologien – eine Speichertechnologie für Kohlendioxid – eine Verringerung der Kohlendioxidemission erreicht werden. Aus diesem Grund entwickelte die Bundesregierung eine Richtlinie für CCS-Technologien, in der rechtliche Rahmenbedingungen, Forschungs- und Entwicklungsstrategien, Konzepte für die Öffentlichkeitsarbeit sowie weitere Handlungsempfehlungen festgehalten werden.

Weitere Punkte des Integrierten Energie- und Klimaprogramms betreffen beispielsweise die Einführung von Energiemanagementsystemen und Förderprogrammen für Klimaschutz und Energieeffizienz sowie die Entwicklung eines CO_2-Gebäudesanierungsprogramms. Mithilfe von Energiemanagementsystemen wurde in Industrien untersucht, inwiefern Potentiale für die Energieeinsparung und Kostensenkung vorhanden sind, um daraus Empfehlungen und Maßnahmen für eine Erhöhung der Energieeffizienz abzuleiten (BMWI & BMU 2007:24).

4 Analyse der Energiedebatten von 2010 und 2011

Mit dem Beginn einer neuen Legislaturperiode im Jahr 2009, bildete sich unter Bundeskanzlerin Angela Merkel eine Regierung, die sich aus den koalierten Parteien CDU/CSU und FDP zusammensetzt. Der Regierungswechsel bedeute eine grundlegende Änderung des hegemonialen, energiepolitischen Diskurses, der 2002 von der rot-grünen Bundesregierung vorgegeben wurde. Welche Ereignisse und diskursiven Abläufe zu einer Neuausrichtung der Energiepolitik geführt haben, sollen in diesem Kapitel auf Grundlage der Diskursanalyse dargestellt und kritisch betrachtet werden.

4.1 Die Energiepolitische Kehrtwende 2010

4.1.1 Entstehung und Entwicklung der Energiedebatte

Schon zu Beginn ihrer Amtsperiode im Oktober 2009 präsentierte sich die schwarz-gelbe Koalition entschlossen, politische Verhandlungen zu führen und Gesetzesänderungen vorzunehmen. Das enthusiastische Auftreten der Bundeskanzlerin und führender Politiker der CDU/CSU und FDP verdeutlichte eine gewisse Unzufriedenheit gegenüber dem politischen Kurs ihrer Vorgängerregierung. Angesprochen sind damit insbesondere energiepolitische Ziele und Maßnahmen, die im Atomausstiegsgesetz von 2002 formuliert wurden. Zwar liege der Schwerpunkt in der zukünftigen Energiepolitik, wie die Bundeskanzlerin nach dem Regierungswechsel erklärte, auch weiterhin auf dem Ausbau erneuerbarer Energien, der unter der Regierung von Union und FDP zugleich beschleunigt werden soll, jedoch könne dieser nur ermöglicht werden, wenn die Energieversorgung der Zukunft sicher, bezahlbar und umweltfreundlich ist (o. Verf. 2009a:o.S.). Aus diesem Grund sah die Bundesregierung bereits kurz nach dem Regierungswechsel die Notwendigkeit einer Laufzeitverlängerung von Atomkraftwerken, welche den finanziellen Handlungsspielraum zur Förderung des Ausbaus erneuerbarer Energien erweitern und die Energiepreise bezahlbar machen sollte.

Die Grundlagen für die anspruchsvolle Aufgabe einer elementaren Änderung der energiepolitischen Zielstellung wurden bereits nach wenigen Verhandlungstagen formuliert, wobei der Kernkraft der wohl wichtigste Stellenwert zugeordnet wurde. Sie sollte als Brückentechnologie fungieren und somit den Ausbau regenerativer Energien beschleunigen. Der Ausbau beschränkte sich jedoch nicht nur auf erneuerbare Energieträger. Während der Laufzeitverlängerung sollte ebenfalls der Anteil fossiler Energieträger für die Energiebereitstellung erhöht werden. Wie Wirtschaftsminister Rainer Brüderle betonte, sei dieser Schritt notwendig, um Versorgungssicherheit und bezahlbare Energiepreise zu gewährleisten. Beide Aspekte seien mit dem Ausbau erneuerbarer Energien in einem Gleichgewicht zu sehen (o. Verf. 2009a:o.S.). Der CDU-Abgeordnete Jürgen Rüttgers forderte zusätzlich die Erstellung eines energiepolitischen Gesamtkonzepts, welches alle notwendigen Maßnahmen und Planungsgrundlagen für die zukünftige Energieversorgung beinhaltet. In diesem Konzept sollte auch die Höhe der Zusatzgewinne, die aus dem verlängerten Betrieb der Kernkraftwerke abgeschöpft werden, dokumentiert sein (o. Verf. 2009a:o.S.).

Während das Grundgerüst des zukünftigen energiepolitischen Diskurses im Bundestag gestrickt wurde, gab es vor allem seitens der oppositionellen Parteien SPD, Grüne und Linke heftige Kritik und Gegenwehr gegen die geplante Verlängerung der Laufzeiten bestehender Atomkraftwerke. Auch vor dem Tagungsort in Berlin versammelten sich zum damaligen Zeitpunkt, wie Die Zeit berichtet (o. Verf. 2009a:o.S.), mehrere hundert Atomkraftgegner, die gegen längere Laufzeiten demonstrierten. Ihre Position, die sich, bezugnehmend auf die angesprochene Laufzeitverlängerung, grundsätzlich von der Position der schwarz-gelben Bundesregierung unterscheidet, leitet an dieser Stelle einen Gegendiskurs ein.

Für den weiteren Verlauf der Energiedebatte kündigte die schwarz-gelbe Koalition eine schnelle Vereinbarung zwischen der Bundesregierung und den führenden Energiekonzernen an. Dabei sollte über die Höhe der Zusatzgewinne entschieden werden, die aus der Laufzeitverlängerung der Atomkraftwerke abgeschöpft werden. Eine Einigung konnte jedoch vorerst nicht gefunden werden, da es innerhalb der Union Unstimmigkeiten darüber gab, wie der Ausstieg aus dem Atomausstieg im Einzelnen realisiert werden soll. Problematisch gestaltete sich insbesondere die Frage nach der Dauer der Laufzeitverlängerung. Während Umweltminister Norbert Röttgen eine Verlängerung von maximal acht Jahren in Erwägung zog, entschied sich die CDU, Berechnungen für eine Dauer von bis zu 28 Jahren durchzuführen (UKEN 2010:o.S.). Wie lang die bestehenden Atomkraftwerke am Netz bleiben, sollte dennoch nicht willkürlich festgelegt werden, sondern auf Basis wissenschaftlicher Ergebnisse entschieden werden.

Die Formalitäten der geplanten Laufzeitverlängerung von Kernkraftwerken sorgten nicht nur innerparteilich für Uneinigkeiten. Auch die Forderung der Bundesregierung eine Brennelementesteuer für jede produzierte Kilowattstunde Strom einzuführen, fand bei den führenden Energiekonzernen zunächst keine Zustimmung. Laut Bundeskanzlerin Angela Merkel sollte die Steuer auch erhoben werden, wenn die geplante Laufzeitverlängerung revidiert werde. Der jährliche Zusatzgewinn von rund 2,3 Milliarden Euro würde vorrangig der Finanzierung des Bundeshaushalts zugutekommen (UKEN 2010:o.S.).

Trotz der Unstimmigkeiten über die Erhebung einer Brennelementesteuer findet die Bundesregierung mit den Energiekonzernen in der Planung notwendiger Maßnahmen für die Verlängerung der Atomlaufzeiten einen gemeinsamen Konsens. Nach ihrer Ansicht ist ein vorzeitiges Abschalten der Atomkraftwerke fahrlässig, da Kernenergie effizient, bezahlbar und sicher ist und zudem aufgrund der kohlendioxidarmen Produktion einen Teil zum Klimaschutz beiträgt. Aufbauend auf diesem, wie es RWE-Chef Jürgen Großmann betont, „starke[n] Dreierpack" (GROßMANN 2010:o.S.), wurden die wichtigsten energiepolitischen Maßnahmen formuliert. Weitere positive Effekte der Laufzeitverlängerung beziehen sich auf eine Verringerung der Importabhängigkeit sowie die Erhaltung und Schaffung von Arbeitsplätzen.

Auch wenn die Laufzeitverlängerung der Atomkraftwerke allerhand Vorteile mit sich bringt, sind sich die Bundesregierung und führende Energiekonzerne einig, dass die Nutzung der Kernenergie dennoch keine dauerhafte Zukunftsoption ist. Sie solle laut Jürgen Großmann in erster Linie als finanzielle Unterstützung für den Ausbau der erneuerbaren Energien dienen. Über die Kompatibilität beider Energieträger konnten jedoch seitens der Vertreter von Kernkraft und erneuerbaren Energien keine objektiven Aussagen getroffen werden. RWE-Chef Jürgen Großmann betont vor allem, dass Kernkraft einen Ausgleich für erneuerbare Energien herstellt, wenn starke Schwankungen bei Wind und Sonne auftreten (GROßMANN 2010:o.S.). Demgegenüber stehen die Vertreter der erneuerbaren Energien mit der gegenteiligen Auffassung, dass die Kernenergie aufgrund ihrer Inflexibilität, nicht auf Schwankungen der Wind- und Sonnenenergie reagieren könne und somit eine Erhöhung der Stromproduktion aus erneuerbaren Energien behindert (VORHOLZ 2010:o.S.). Wie auch bei dem Beschluss, eine Brennelementesteuer für Atomenergie einzuführen, widersetzte sich die Bundesregierung den kritischen Stimmen der Betreiber von Windkraft- und Solaranlagen und hielt an der geplanten Laufzeitverlängerung von Atomkraftwerken fest. Eine Entscheidung, die ebenfalls von den Stadtwerken kritisiert wurde, da sie seit dem Atomausstiegsgesetz von 2002 in die kommunale Energieversorgung investierten und nun keine Gewinne mehr abschöpfen konnten.

Um sich einen Überblick über die deutsche Energieversorgung zu verschaffen, unternahm die Bundeskanzlerin Ende August 2010 eine viertägige Energiereise, mit der sie einen umfassenden Einblick in die Energiegewinnung aus Kernkraft sowie erneuerbaren als auch fossilen Energieträgern gewinnen wollte. Da jedoch das mediale Interesse an atompolitischen Fragen sehr groß war und die Reise der Kanzlerin von Protesten zahlreicher Atomkraftgegner begleitet wurde, rückte die Debatte um die Dauer der Laufzeitverlängerung von Atomkraftwerken immer mehr in den Mittelpunkt der Energiereise (JAHN 2010:o.S.). Landespolitikern und Juristen sowie beteiligten Akteuren aus der Energiewirtschaft bot sich somit die Möglichkeit, Einfluss auf die energiepolitische Debatte zu nehmen. Die Entscheidung um eine Verlängerung der Laufzeiten deutscher Atomkraftwerke unterliegt ihrer Meinung nach der politischen Willkür der Bundeskanzlerin (JAHN 2010:o.S.).

Nach ihrer Energiereise betonte die Bundeskanzlerin, dass das langfristige energiepolitische Ziel der Weg in das „Zeitalter der erneuerbaren Energien" (o. Verf. 2010a:o.S.) ist. Um dies jedoch erfolgreich umsetzen zu können, müssen erhebliche Maßnahmen im Netzausbau ergriffen werden. Neben der Förderung des Ausbaus erneuerbarer Energien, soll im Energiekonzept die weitere Nutzung von Atom- und Kohleenergie ein wichtiger Bestandteil der zukünftigen Energieversorgung darstellen. Diese Energieträger sollen jedoch in erster Linie als Brückentechnologie dienen, um den Ausbau regenerativer Energie zu finanzieren und die Versorgungssicherheit zu gewährleisten. Ausdrücklich wies Bundeskanzlerin Angela Merkel darauf hin, dass ein Weg in das Zeitalter der erneuerbaren Energien nicht ohne die Nutzung von Atom- und Kohlekraftwerken realisiert werden könne (o. Verf. 2010a:o.S.). Zu diesem Zeitpunkt der Energiedebatte konnten jedoch noch keine Aussagen über die Dauer der Laufzeitverlängerung getroffen werden, da die Ergebnisse der wissenschaftlichen Untersuchungen noch nicht vorlagen.

Je näher die Entscheidung über die Laufzeitverlängerung der Atomkraftwerke rückte, desto stärker wurde der Konflikt zwischen der Bundesregierung und den Akteuren des

Gegendiskurses. Stadtwerke forderten als Kompensation ihrer finanziellen Verluste, die durch eine eingeschränkte Energiebereitstellung ihrerseits verursacht werden könnten, den Betrieb alter Kohlekraftwerke während der Laufzeitverlängerung einzustellen. Greenpeace-Aktivisten kritisierten zudem, dass die Menge des entstehenden Atommülls bei einer Laufzeitverlängerung von zehn Jahren mehr als doppelt so hoch ausfallen könnte, wie im Atomausstiegsbeschluss der rot-grünen Bundesregierung vorgesehen war. Zusätzlich würde der hinzukommende radioaktive Abfall zu einer Kostenerhöhung von 2,5 Milliarden Euro führen, die zu 60 Prozent von der Industrie getragen werden müssten (MIHM 2010b:o.S.).

Bei einem weiteren Treffen im Kanzleramt Anfang September 2010 wurde die abschließende Entscheidung über die Laufzeitverlängerung der bestehenden Atomkraftwerke getroffen. Union und FDP einigten sich auf eine Verlängerung der Atomlaufzeiten von durchschnittlich zwölf Jahren. Dabei sollen jüngere Atomkraftwerke 14 Jahre und ältere Atomkraftwerke acht Jahre länger am Netz bleiben. Wirtschaftsminister Rainer Brüderle und Umweltminister Norbert Röttgen zeigten sich sehr zufrieden mit dem Beschluss und betonten, dass diese Entscheidung ein „substanzieller Beitrag“ für den Ausbau der erneuerbaren Energie sei (o. Verf. 2010a:o.S.). Neben der Förderung regenerativer Energieträger forcierte die Bundesregierung die Technologieführerschaft der Entwicklung von Speichertechnologien und erneuerbaren Energien. Die finanziellen Beiträge für den Ausbau des Ökostroms sollen, wie nach der Vereinbarung beschlossen, aus einem zusätzlichen Sonderbeitrag der Atomkonzerne generiert werden.

Mit der Opposition fand die schwarz-gelbe Koalition mit ihrem Beschluss keinen gemeinsamen Energiekonsens. Stattdessen verschärfte sich der Protest gegen die Vereinbarung einer Laufzeitverlängerung. Der SPD-Abgeordnete Sigmar Gabriel kündigte an, den Beschluss der Laufzeitverlängerung im Falle eines Regierungswechsels zu revidieren (o. Verf. 2010a:o.S.). Nach Auffassung der oppositionellen Parteien wird der Ausbau erneuerbarer Energien durch die Verlängerung der Atomlaufzeiten vielmehr behindert als gefördert, da der nötige Druck für den Ausbau regenerativer Energieträger fehle (o. Verf. 2010a:o.S.).

Am 28. Oktober 2010 wurde der Beschluss der Laufzeitverlängerung von Atomkraftwerken um durchschnittlich 12 Jahre gesetzlich festgelegt. Das dazugehörige

Energiekonzept bezeichnete die Opposition als eine „Rolle rückwärts in die Vergangenheit“ (MIHM 2010a:o.S.), da es in erster Linie die führenden Energiekonzerne RWE, EnBW, Vattenfall und E.ON bevorzuge. Des Weiteren kritisierte sie, dass aufgrund der Verlängerung der Atomlaufzeiten, die von der rot-grünen Bundesregierung beschlossenen Sicherheitsstandards vernachlässigt würden. Die Union begründet die Erstellung eines neuen Energiekonzeptes ihrerseits mit dem Versagen der rot-grünen Bundesregierung, die es nicht geschafft habe, innerhalb ihrer Regierungszeit ein Konzept bereitzustellen (MIHM 2010a:o.S.).

Nachdem das neue Atomgesetz beschlossen war, bekräftigten die von der SPD regierten Länder Rheinland-Pfalz, Nordrhein-Westfalen, Bremen, Berlin und Brandenburg ihre Ankündigung, gegen das Gesetz vor dem Bundesverfassungsgericht zu klagen (MIHM 2010a:o.S). Letztlich scheiterten sie mit ihrem Antrag, da die Gesetzesänderung laut dem Bundesverfassungsgericht keiner Zustimmung des Bundesrates bedarf.

4.1.2 Analyse der politischen Handlungsstrategien

Der oben beschriebene diskursive Ablauf, der im Ergebnis zu einer Laufzeitverlängerung der Atomkraftwerke führte, war seit dem Regierungswechsel im Oktober 2009 durch eine klare politische Linie gekennzeichnet. Union und FDP versuchten mit allen Mitteln eine Änderung des energiepolitischen Kurses der rot-grünen Bundesregierung zu bewirken, um sich möglicherweise politisch zu profilieren und eine zukünftige Energieversorgung zu beschließen, die nicht auf dem energiepolitischen Fundament des Atomausstiegsgesetzes der Opposition aufbaut.

Als Motiv für die Kehrtwende in der Energiepolitik nannte die schwarz-gelbe Koalition zum Großteil Zielstellungen, die bereits im Maßnahmenkatalog des Atomausstiegsgesetzes von 2002 und dem Integrierten Energie- und Klimaprogramm von 2007 formuliert wurden. Vor dem Hintergrund, den Ausbau der erneuerbaren Energien zu beschleunigen, betont die Bundesregierung die Notwendigkeit einer Laufzeitverlängerung von Atomkraftwerken, um die Energieversorgung bezahlbar, sicher und umweltfreundlich zu gestalten. Inwiefern die damalige Strompreis- und Klimaschutzentwicklung einen Anlass zu dieser Veränderung gab, kommt in den untersuchten Medien jedoch nur unzureichend zum Ausdruck.

Obwohl die schwarz-gelbe Koalition die Position vertrat, dass eine Laufzeitverlängerung von Atomkraftwerken zu einer verbesserten Versorgungssicherheit und Bezahlbarkeit der Energieversorgung führen könne, waren sich Politiker der Union parteiintern über die Dauer der Laufzeiten uneinig. Insbesondere Umweltminister Norbert Röttgen, der sich zum damaligen Zeitpunkt für eine Laufzeitverlängerung von maximal acht Jahren aussprach (UKEN 2010:o.S.), ließ innerhalb der Koalition Zweifel an der energiepolitischen Kehrtwende aufkommen. Es ist schließlich eine Frage der Moral, ob die zu erwartenden Vorteile einer Laufzeitverlängerung von Atomkraftwerken mit dem Risiko einer nuklearen Katastrophe und deren unvorhersehbaren Folgen für Mensch und Natur vereinbar sind. Die Tatsache, dass selbst innerhalb der Koalition derartige Meinungsverschiedenheiten über die Dauer der Laufzeitverlängerung vorhanden waren, zeigt, mit welcher Unsicherheit die Entscheidung, nicht zuletzt auch aufgrund des öffentlichen Drucks, behaftet ist. Demnach ist die mit der moralischen Bewertung einer Laufzeitverlängerung verbundene Unsicherheit, ein Grund für die verspäteten Verhandlungen zwischen den Parteien der Koalition und den Energiekonzernen.

Die Verzögerung des Beschlusses ist jedoch nicht nur auf Unstimmigkeiten innerhalb der Union zurückzuführen. Die geplante Einführung der Brennelementesteuer und damit verbundene Unklarheiten über die Formalitäten der Finanzierung für den Ausbau erneuerbarer Energien verhinderten einen schnellen Beschluss der Bundesregierung. Um sich den kritischen Stimmen der eigenen Partei und der Energiekonzernbetreiber zu widersetzen, unternahm die Bundeskanzlerin die bereits erwähnte Energiereise, mit der sie zwischen der finanziellen Belastung der Energiekonzerne und dem daraus resultierenden Gewinn für den Ausbau erneuerbarer Energien abwägen wollte. Wie es in den medialen Berichterstattungen dargestellt wird, war die Energiereise jedoch in erster Linie ein Mittel zum Zweck, um die Formalitäten der geplanten Laufzeitverlängerung festzulegen.

Um die Problematik der Laufzeitverlängerung während der Energiereise zu relativieren, sprach die Bundeskanzlerin an den jeweiligen Tagungsorten energiepolitische Maßnahmen an, die sich nicht nur auf die Kernenergie, sondern sowohl auf fossile als auch erneuerbare Energieträger als ein Teil der Energieversorgung konzentrierten. Die Rhetorik der Kanzlerin, mit der sie zum Ausdruck brachte, dass Kernenergie und fossile Energieträger vorerst als Brückentechnologien eingesetzt werden, um die Energieversorgung aus erneuerbaren Energien zu beschleunigen, verhinderte dabei möglicherweise die Zunahme der Komplikationen, die mit der gesellschaftlichen Auseinandersetzung bezüglich dieser Problematik verbunden waren. Das Aufgreifen der Argumentationsweise von Opposition und Demonstranten, die einen möglichst schnellen Ausbau erneuerbarer Energien forderten, verhalf der Bundesregierung dabei, ihre Sympathiewerte während der Energiedebatte zu steigern und gleichzeitig das Image einer ausschließlichen Atomkraftbefürwortung abzulegen.

Die gewonnenen Eindrücke der Bundeskanzlerin während ihrer Energiereise hatten einen maßgeblichen Einfluss auf die Auslegung der zukünftigen Energiepolitik. Zum Abschluss betonte sie, dass große Investitionssummen vor allem für den Ausbau der Stromnetze erforderlich sind, da sonst das „Zeitalter der erneuerbaren Energien“ (o. Verf. 2010a:o.S.) nicht erreicht werden könnte. Unter Investitionen sind an dieser Stelle die zusätzlichen steuerlichen und finanziellen Abgaben angesprochen, die aus der Verlängerung der Atomlaufzeiten abgeschöpft werden. Die Bundeskanzlerin suggeriert somit, dass die Realisierung der Maßnahmen, die für den Ausbau erneuerbarer Energien notwendig sind, nicht ohne die Aufbringung erheblicher finanzieller Mittel der Atomkonzerne möglich sei. Mit dieser Argumentationsweise vereint sie jedoch die Interessen der Vertreter erneuerbarer Energien als auch die Forderung der führenden Energiekonzerne. Mithilfe dieser Strategie und dem Anspruch einen, wie es die Kanzlerin darstellt, möglichst schnellen und effektiven Weg in das Zeitalter der erneuerbaren Energien zu finden, stellte sich die Bundesregierung gegenüber der Gesellschaft nicht als ein absoluter Befürworter der Kernenergie dar. Vielmehr gewann die Gesellschaft den Eindruck, dass die Energiebereitstellung aus Kernkraftwerken als auch aus Stein- und Braunkohlekraftwerken den Ausbau der erneuerbaren Energien fördert und beschleunigt, was jedoch bei der Opposition nur als eine politische Taktik aufgegriffen wurde, die ein Abkommen zwischen der Bundesregierung und den Energiekonzernen der Öffentlichkeit vorenthalten sollte.

Der Einfluss führender Energiekonzerne auf energiepolitische Entscheidungen war und ist gegenwärtig immens. Die Bundesregierung war in gewisser Weise von den Energiekonzernen abhängig, da diese schon seit Jahrzenten in die deutsche Energieversorgung investiert haben und auch heute noch in enger Verbindung mit der politischen Führung stehen (HAMANN 2010:o.S.). Hinzu kommt, dass heutige Politiker in der Vergangenheit für die großen Atomkonzerne gearbeitet haben. So auch Gerald

Hennenhöfer, der während der Energiedebatte „oberster staatlicher Aufseher über die Atomkraft im Bundesumweltministerium" (HAMANN 2010:o.S.) war, vorher jedoch für den Energiekonzern E.ON in der Chefriege gearbeitet hat. Wie es in den Medien zum Ausdruck kommt, ist sein politisches Mitwirken nur ein Beispiel für das Verhältnis zwischen Politik und Atomwirtschaft, welches letztlich den energiepolitischen Diskurs entscheidend mitbestimmt hat.

Im Ergebnis stellt die Bundesregierung die zukünftige Energieversorgung und das dazugehörige Energiekonzept vom 28. September 2010 als einen „Meilenstein in der Wirtschaftsgeschichte" (SCHÄFERS 2010:o.S.) Deutschlands dar. Dass die großen Energiekonzerne, wie es in den untersuchten Artikeln dargestellt wird, trotz steuerlicher Abgaben und zusätzlicher finanzieller Belastungen einen Vorteil aus dem Beschluss ziehen, wird von der Bundesregierung jedoch verschwiegen. Auch im Energiekonzept werden die Maßnahmen der Laufzeitverlängerung von Atomkraftwerken nur unzureichend erläutert, was dafür spricht, dass diese Entscheidung, auch nach dem Beschluss, seitens der Bundesregierung mit einer gewissen Unsicherheit behaftet war (VORHOLZ 2010:o.S.).

Da auch nach der rechtlichen Absicherung des Beschlusses kein einheitlicher Atomkonsens zwischen der Bundesregierung und den oppositionellen Parteien gefunden wurde, war davon auszugehen, dass der zukünftige Verlauf des hegemonialen Diskurses von einer Instabilität gekennzeichnet sein sollte. Wie die Opposition nach dem Beschluss des Atomgesetzes ankündigte, werde sie, im Falle eines Regierungswechsels, zu den früheren Mustern des Atomausstiegsgesetzes von 2002 zurückkehren (o. Verf. 2010a:o.S.).

4.1.3 Das Energiekonzept vom 28. September 2010

Mit dem 2010 beschlossenen Energiekonzept der schwarz-gelben Koalition wurden Leitlinien vorgegeben, die neben dem Ausbau erneuerbarer Energien, Anreize für eine „umweltschonende, zuverlässige und bezahlbare Energieversorgung" (BMWI & BMU 2010:3) geben sollten. Um diese und weitere Ziele, wie die Steigerung der Energieeffizienz und den Ausbau der Netzinfrastruktur, zu fördern, sollte die Kernenergie vorerst als Brückentechnologie fungieren. Indem „der Druck auf Innovationen und

Kostensenkungen“ (BMWI & BMU 2010:4) verstärkt wird, sollte die Entwicklung von Speicher- und Wärmeeffizienztechnologien im Bereich erneuerbarer Energien gefördert werden. Für die Einhaltung der Klimaschutzziele strebte die Bundesregierung bis 2020 eine Minderung der „Treibhausgasemissionen um 40% [und] bis 2050 um 50%“ (BMWI & BMU 2010:5) gegenüber 1990 an. Dabei soll der Anteil erneuerbarer Energien bis 2020 18 Prozent und bis 2050 80 Prozent am Bruttoendenergieverbrauch betragen.

Als Grundlage für die Förderung des Ausbaus regenerativer Energien dient auch in diesem Energiekonzept das Erneuerbare-Energien-Gesetz. Um die Kompatibilität zwischen konventionellen und regenerativen Energien zu verbessern, sieht das Energiekonzept außerdem eine Optimierung der „Netze, Speicher und deren Zusammenspiel“ (BMWI & BMU 2010:7) vor. Die Finanzierung der vorgesehenen Maßnahmen sollte durch die jährliche Abgabe der Kernbrennstoffsteuer sowie weiterer „Zahlungen der Kernkraftwerksbetreiber“ (BMWI & BMU 2010:14) gewährleistet werden.

Der Sicherheitsaspekt nimmt zudem eine wichtige Stellung für die Umsetzung der energiepolitischen Ziele ein. Wie im Energiekonzept formuliert wird, sollen die „Sicherheitsanforderungen an die deutschen Kernkraftwerke [...] erweitert und auf technisch höchstem Niveau fortgeschrieben“ (BMWI & BMU 2010:15) werden.

4.2 Die erneute Energiewende nach dem Atomunfall von Japan

4.2.1 Die Folgen der Katastrophe auf die deutsche Energiepolitik

Im Gegensatz zur 2010 geführten Debatte um die Laufzeitverlängerung deutscher Atomkraftwerke, die aus einem Regierungswechsel hervorgegangen war, hatte die Energiedebatte 2011 ihre Ursache in einem externen diskursiven Ereignis. Nur wenige Tage nach dem Reaktorunfall im japanischen Fukushima hatte sich in Deutschland die politische Führung zusammengefunden und als Konsequenz der Katastrophe für die deutsche Energiepolitik ein dreimonatiges Moratorium einberufen, welches die vorläufige Stilllegung der sieben ältesten Atomkraftwerke zur Folge hatte. Die vorübergehende Aussetzung der Laufzeitverlängerung von Atomkraftwerken begründete die Bundeskanzlerin damit, dass aufgrund der Atomkatastrophe in Fukushima ein scheinbar unvorhersehbares Ereignis Realität geworden ist (SATTAR 2011:o.S.). Mit dem Beginn des Moratoriums kündigte sie bereits an, dass sich die Vorgaben und Zielstellungen des Atomgesetzes 2010 grundlegend ändern werden.

Der plötzliche energiepolitische Wandel der Bundeskanzlerin empörte die Akteure des Gegendiskurses. Politiker der Opposition kritisierten vor allem die Geschwindigkeit, mit der die schwarz-gelbe Koalition ihren politischen Kurs korrigierte. Sie stellten die Glaubwürdigkeit der Bundesregierung in Frage, da die zuvor als Revolution bezeichnete Laufzeitverlängerung von Atomkraftwerken innerhalb kürzester Zeit revidiert werden sollte (SATTAR 2011:o.S.). Trotz weiterer Unterstellungen, dass der Beschluss des Moratoriums Wahlkampfaktionismus sei, begründete die Bundeskanzlerin das vorläufige Abschalten der Atomkraftwerke mit der Gefahrenvorsorge, die aufgrund des Reaktorunfalls in Fukushima in Deutschland getroffen werde müsse (SATTAR 2011:o.S.).

Angesichts der Folgen des Atomunfalls in Japan, modifizierte die Bundesregierung kurzerhand ihre Zielstellung in der Energiepolitik, wobei der Sicherheitsgewährleistung von atomaren Anlagen ein höherer Stellenwert als zuvor zugeordnet wurde. Während der Zeit des Moratoriums wurde diesbezüglich eine Expertenkommission einberufen, welche die vorerst stillgelegten Kernkraftwerke einer Sicherheitsüberprüfung unterzog (o. Verf. 2011d:o.S.). Mit dieser Maßnahme wurde der Sicherheitsaspekt auf eine neue Ebene in der Energiepolitik gestellt. Zwar lag auch im Atomgesetz 2010 ein Schwerpunkt auf der Sicherheit von Atomkraftwerken, jedoch war diese gleichbedeutend mit der Bereitstellung einer klimafreundlichen, bezahlbaren und wirtschaftlichen Energieversorgung. Die Neubewertung der Sicherheitsstandards, welche eine vorübergehende Stilllegung von sieben Atomkraftwerken zur Folge hatte, erfordert eine Veränderung des im Oktober 2010 beschlossenen Atomgesetzes sowie den damit einhergehenden Maßnahmen.

Um die allgemeinen gesellschaftlichen Risiken der Kernenergie und anderer Energieträger zu bewerten, wurde während des Moratoriums eine Ethik-Kommission einberufen, deren Mitglieder sowohl Vertreter der Atomkraft als auch Befürworter der erneuerbaren Energien waren. Die technologische Bewertung der Kernenergie wurde demnach, wie es der Leiter der Kommission, Klaus Töpfer, beschreibt, von Akteuren bewertet, die „ein Spiegelbild der Gesellschaft“ (o. Verf. 2011c:o.S.) darstellen. Mithilfe dieser Konstellation versprach sich die Bundeskanzlerin eine objektive Auseinandersetzung, auf deren Grundlage die energiepolitischen Zielstellungen neu formuliert werden konnten (BANNAS 2011a:o.S.). Zusätzlich wurden die Beratungen innerhalb der Ethik-Kommission durch die Zwischenergebnisse der unabhängigen Sicherheitsüberprüfungen ergänzt.

Die Entscheidung der Bundesregierung, nun vorzeitig aus der Kernenergienutzung auszusteigen, erhöhte die Wahrscheinlichkeit, einen zwischenparteilichen Konsens über die zukünftige Energieversorgung zu finden. Aufgrund der allgemeinen Zustimmung, die Laufzeiten der Atomkraftwerke zu verkürzen, beteiligten sich neben der Union und der FDP auch oppositionelle Parteien am Prozess der Entscheidungsfindung. So bekräftigte der Fraktionsvorsitzende der Grünen, Jürgen Trittin, dass ein Ausstieg aus der Kernenergie bereits vor 2020 ermöglicht werden könnte (BANNAS 2011b:o.S). Ein stringenter Ausbau erneuerbarer Energien soll dabei nicht nur die Kernenergie ersetzen, sondern zudem einen dauerhaften Verzicht fossiler Energieträger ermöglichen.

Die ambitionierten Zielsetzungen der Grünen stellen in der gesamten Energiedebatte nur einen Bruchteil der Vorstellungen dar, durch welche die zukünftige Energieversorgung charakterisiert sein soll. Denn anders als bei der energiepolitischen Kehrtwende 2010, setzt die Bundeskanzlerin in der Energiedebatte 2011 auf einen gesamtgesellschaftlichen Konsens. Aus diesem Grund wurden, neben führenden Politikern der oppositionellen Parteien, „Vertreter von Kirchen, Umweltgruppen und Gewerkschaften“ (EISELE 2011:o.S.) dazu aufgerufen, sich an der Diskussion zu beteiligen und über die Zukunft der Energiepolitik mitzuentscheiden.

Dem politischen Vorgehen von Bundeskanzlerin Angela Merkel steht ein Großteil der Bevölkerung dennoch mit Skepsis gegenüber (EISELE 2011:o.S.). Insbesondere der plötzliche Wandel, eine Neuausrichtung der Energiepolitik auf Grundlage eines nationalen Energiekonsens herbeizuführen, lässt Opposition und weitere Akteure des Gegendiskurses an der Glaubwürdigkeit von Union und FDP zweifeln. Nachdem die Bundesregierung ein Jahr zuvor die Laufzeitverlängerung von Atomkraftwerken nahezu im Alleingang beschloss, sehen Atomkraftgegner in der Absicht eines schnellen Atomausstieges in erster Linie eine politische Täuschung, mit der die schwarz-gelbe

Koalition mehr Akzeptanz in der Bevölkerung zu gewinnen versucht (o. Verf. 2011f:o.S.).

Während die Ethik-Kommission über die zukünftige Energieversorgung diskutierte und die Bundeskanzlerin einen vorzeitigen Ausstieg aus der Atomenergie ankündigte, forderte der Energiekonzern RWE eine Entschädigung für die zwischenzeitliche Abschaltung der Atomkraftwerke. Vertreter führender Energiekonzerne wiesen des Weiteren darauf hin, dass der Wegfall der Atomenergie aufgrund des Moratoriums zu einem erheblichen Anstieg der Strompreise führe. Trotz der Kritik an der vorläufigen Stilllegung von sieben Kernkraftwerken während des Moratoriums, unterstützte RWE-Vorstandsvorsitzender Jürgen Großmann die Entscheidung der Bundesregierung, die Sicherheitsstandards für atomare Anlagen zu erhöhen (JAHN & SATTAR 2011:o.S.).

Noch vor dem Ende des Atom-Moratoriums einigten sich die Ministerien für Umwelt und Wirtschaft auf „sechs Punkte für eine beschleunigte Energiewende“ (MIHM 2011:o.S.). Mit diesem Programm versprachen sich Umweltminister Norbert Röttgen und Wirtschaftsminister Rainer Brüderle einen gemeinsamen Weg zu finden, um den Anteil erneuerbarer Energien am Energieträgermix zu erhöhen und den dafür notwendigen Ausbau der Netzinfrastruktur zu fördern. Mit dem Sechs-Punkte-Programm soll zudem die Energieeffizienz mithilfe von Gebäudesanierungen und leistungsfähigeren Windkraftanlagen verbessert werden. Um die geplanten Maßnahmen schnellstmöglich durchzuführen, wurden von den zuständigen Ministerien „schnellere Genehmigungen und mehr staatliche Förderung verlangt“ (MIHM 2011:o.S.).

Die Umsetzung des geplanten Atomausstiegs sollte in einem schnellen rechtlichen Verfahren vollzogen werden. Bundeskanzlerin Angela Merkel kündigte im April an, dass die gesetzlichen Grundlagen für den Atomausstieg bereits am 6. Juni 2011 beschlossen werden sollen (BANNAS 2011c:o.S.). Damit die Gesetzesänderung vollzogen werden kann, waren alle zuständigen Kommissionen, die während des Moratoriums Atomkraftwerke auf Sicherheit überprüften, dazu aufgefordert, ihre Ergebnisse noch vor diesem Termin vorzulegen. Auch die Beratungen über die gesellschaftlichen Risiken der Kernenergie und anderer Energieformen, die innerhalb der Ethik-Kommission durchgeführt wurden, dienten als Richtlinien, auf die sich der Gesetzesentwurf der zukünftigen Energieversorgung beziehen sollte (BANNAS 2011:o.S.).

Obwohl der Schwerpunkt der energiepolitischen Debatte weiterhin auf dem geplanten Ausstieg aus der Atomenergie lag, verkündete die Bundeskanzlerin, dass damit einhergehende Gesetzgebungen „zum Netzausbau, zum Planungsrecht und zu Maßnahmen zugunsten erneuerbarer Energien“ (BANNAS 2011c:o.S.) ebenso in die Diskussion eingehen sollten. Umweltminister Norbert Röttgen betonte zudem die Notwendigkeit eines Finanzkonzepts, das die Richtlinien für die finanzielle Unterstützung des Ausbaus erneuerbarer Energien und den dafür erforderlichen Ausbau der Netzinfrastruktur regelt. Mit der Förderung regenerativer Energien versprach sich die Bundesregierung insbesondere eine Kompensierung der Energieverluste, die durch die Abschaltung der sieben Atomkraftwerke verursacht wurden. Diese Entscheidung wurde auch durch die SPD-geführten Bundesländer unterstützt, welche weiterhin eine Energieversorgung forderten, die auf der Gesetzesgrundlage des Atomausstiegs von 2002 beruht (BANNAS 2011c:o.S.).

Noch bevor der Gesetzesentwurf beschlossen wurde, entfachte sich zwischen den Parteien eine Diskussion über die Finanzierung der Energiewende. Der Konflikt zwischen der schwarz-gelben Koalition und den oppositionellen Parteien bezog sich auf die Frage nach dem finanziellen Ausgleich der durch den Atomausstieg verursachten Zusatzkosten. Doch auch innerhalb der schwarz-gelben Koalition herrschte vorerst Uneinigkeit über den Kostenausgleich des geplanten Atomausstiegs. Da die Bezahlbarkeit von Energie, neben der Versorgungssicherheit, auch weiterhin eine essentielle Konstante der Energieversorgung sein sollte, schloss die FDP vorerst eine Erhöhung von Steuern und Strompreisen aus. Die CDU dagegen vertraute auf die finanziellen Einnahmen, die aus der Brennelementesteuer gewonnen werden. Eine finanzielle Mehrbelastung der Verbraucher durch die Erhöhung des Strompreises, konnte seitens der CDU jedoch nicht ausgeschlossen werden. Der SPD Parteivorsitzende Sigmar Gabriel kritisierte allen voran das überstürzte politische Handeln der Bundesregierung, die nach dem Beschluss der Laufzeitverlängerung nun einen Ausstieg aus der Atomenergie plant und die Stromkunden für die anfallenden Kosten aufkommen lässt (o. Verf. 2011a:o.S.).

Abgesehen von der Finanzierung des Atomausstiegs, bezeichnet die Bundeskanzlerin die Neuausrichtung der Energiepolitik in der Gesamtheit aller notwendigen Maßnahmen als „eine Herkulesaufgabe“ (o. Verf. 2011e:o.S.), die für andere Industrienationen als Vorbild derer Energieversorgung aufgegriffen werden sollte. In der Regierungserklärung vom 6. Juni 2011 fasste sie die wesentlichen Punkte des Maßnahmenprogramms zusammen und betonte, dass der wirtschaftliche Erfolg der energiepolitischen Wende in der „gemeinsame[n] Verantwortung“ (o. Verf. 2011e:o.S.) von Bund und Ländern liegt. Wie die Bundeskanzlerin weiter verkündete, soll der Atomausstieg nun bereits bis 2022 realisiert werden. Die während des Moratoriums abgeschalteten Atomkraftwerke werden dauerhaft vom Stromnetz genommen. Lediglich eines der sieben Kraftwerke dient bis 2013 als Notfallreserve für mögliche Versorgungsengpässe im Winter. Der restliche Ausgleich der Energieversorgung wird mithilfe von Kohle- und Gaskraftwerken bereitgestellt. Noch bestehende jüngere Atomkraftwerke werden laut dem Gesetzesentwurf bis 2022 nach einem festgelegten Zeitplan vom Stromnetz gehen (o. Verf. 2011b:o.S.). Die Kosten der Energiewende sollen zum Großteil aus den Einnahmen des Bundeshaushalts finanziert werden. Diese setzen sich aus der Brennelementesteuer, die 1,3 Milliarden Euro jährlich einbringen wird, und „aus der Versteigerung der Kohlendioxid-Zertifikate“ (o. Verf. 2011e:o.S.) zusammen. Laut Umweltminister Norbert Röttgen biete die energiepolitische Neuausrichtung zudem enorme Chancen, um erneuerbare Energien dauerhaft am Markt zu etablieren. Trotz heftiger Kritik an der politischen Handlungsweise der Bundeskanzlerin, die mit der Gesetzesänderung ihre einstige Überzeugung einer Laufzeitverlängerung von Atomkraftwerken abrupt revidierte, stimmte die Opposition grundsätzlich dem neuen Gesetzesentwurf und der damit verbundenen Stilllegung bestehender Atomkraftwerke zu (o. Verf. 2011e:o.S.).

4.2.2 Analyse der politischen Neuorientierung

Die Änderung des energiepolitischen Diskurses im Jahr 2011 wurde, wie oben beschrieben, durch das diskursive Ereignis des Reaktorunfalls von Fukushima verursacht. Die kurz darauffolgende Entscheidung der Bundesregierung, ihren energiepolitischen Kurs abrupt zu stoppen und die im Herbst 2010 beschlossene Laufzeitverlängerung von Atomkraftwerken zurückzunehmen, verdeutlichte, dass die schwarz-gelbe Koalition ihr eigens aufgestelltes Energiekonzept in Frage stellte. Die Reaktion auf den nuklearen Unfall in Japan begründete die Bundesregierung mit der Notwendigkeit einer Neubewertung der Risiken in der Nutzung atomarer Anlagen. Mit der sofortigen Bekanntgabe des dreimonatigen Moratoriums setzte die Bundeskanzlerin Angela Merkel schon zu Beginn der Energiedebatte ein Zeichen gegen eine dauerhafte zukünftige Nutzung der Atomenergie. Entgegen ihrer früheren Überzeugung, zweifelte sie plötzlich an der Zukunft der atomaren Energiegewinnung. Dass die Bundeskanzlerin dabei insbesondere die Sicherheit der Atomkraftwerke anspricht, zeigt, dass eine Werteverschiebung, im Vergleich zur 2010 geführten Energiedebatte, stattfand. Während die Aspekte Sicherheit, Bezahlbarkeit und Umweltverträglichkeit bei der Planung der Laufzeitverlängerung gleichberechtigt waren, hatte der Sicherheitsaspekt in der Debatte nach dem Reaktorunfall von Fukushima einen maßgebenden Einfluss auf die Auslegung der zukünftigen Energieversorgung.

Doch nicht nur die Neubewertung der Sicherheit von Atomkraftwerken verdeutlicht den energiepolitischen Wandel in der Bundesregierung, auch die Art und Weise mit der die Energiedebatte abgehalten wurde, unterschied sich grundlegend von der politischen Handlungsweise, die im Herbst 2010 zur Laufzeitverlängerung der Atomkraftwerke führte. Die von der Bundeskanzlerin einberufene Ethik-Kommission ermöglichte es Akteuren verschiedener gesellschaftlicher Gruppen, ihren Beitrag zur Umgestaltung der Energieversorgung zu leisten und somit einen entscheidenden Einfluss auf den Verlauf des energiepolitischen Diskurses zu nehmen. Zwar waren führende Politiker der schwarz-gelben Koalition ebenso an der Debatte beteiligt wie Politiker der Opposition, jedoch hatten sie nicht das alleinige Recht, die Risiken der Atomkraftnutzung zu bewerten.

Die Entscheidung, eine Kommission in die Energiedebatte einzubeziehen, deren Mitglieder sowohl Atomkraftbefürworter als auch Atomkraftgegner sind, verdeutlicht, dass die Bundesregierung besonderen Wert auf einen gesamtgesellschaftlichen Energiekonsens legte, womit die Verantwortung des Beschlusses nicht ausschließlich von der schwarz-gelben Koalition getragen wird. Zudem bedingte der durch Proteste und Demonstrationen ausgelöste öffentliche Druck sowie der Zweifel an der Glaubwürdigkeit der Bundesregierung, dass die führenden Parteien CDU/CSU und FDP neben ihrer Einflussnahme anderen, am Diskurs beteiligten Akteuren, die Entscheidungsfindung mit überließen. Auch die Einbeziehung der unabhängigen Reaktorsicherheitskommission weist darauf hin, dass der zukünftige energiepolitische Kurs nicht auf Absprachen zwischen der Regierung und den Lobbyisten aufbaut, sondern vielmehr auf Grundlage einer objektiven Bewertung bestimmt wird. Denn wie die Bundeskanzlerin betonte, war die dauerhafte Stilllegung der, während des

Moratoriums abgeschalteten, Atomkraftwerke einzig und allein von den wissenschaftlich geprüften Ergebnissen der Kommission abhängig (EISELE 2011:o.S.).

Die Schnelligkeit, mit der die schwarz-gelbe Koalition einen gemeinsamen Energiekonsens zu finden versuchte, lag wohl nicht allein darin begründet, dass der Reaktorunfall in Fukushima eine Neubewertung des Risikos atomarer Anlagen hervorgerufen hatte. Das politische Handeln der Bundesregierung hat den Zweck einer Aufarbeitung vergangener Entscheidungen, die seitens der Koalition nach dem Ereignis von Fukushima als Fehlentscheidungen eingeschätzt wurden (o. Verf. 2011f:o.S.). Aufgrund der eigenen Schuldzugeständnisse und der zügigen Handlungsweise, waren sofortige Maßnahmen, wie das Abschalten der Atomkraftwerke und die Einberufung der Ethik-Kommission, womöglich Versuche, um das Image der schwarz-gelben Koalition nicht dauerhaft zu schädigen. Somit könnte die Imagepflege, neben dem Aspekt der Gefahrenvorsorge, ein zusätzliches Motiv für die Entscheidung eines Ausstiegs aus der Atomenergie nach dem Reaktorunfall von Fukushima gewesen sein.

Abgesehen von der Ursache für die erneute Kehrtwende in der Energiepolitik und der Risikobewertung der Atomenergie, die innerhalb der Ethik-Kommission diskutiert wurde, versuchten die Ministerien für Wirtschaft und Umwelt eine Lösung zu finden, auf deren Grundlage die Maßnahmen des Ausstiegs aus der Atomenergie realisiert werden können. Das daraus resultierende Programm mit „sechs Punkte[n] für eine beschleunigte Energiewende in Deutschland“ (MIHM 2011:o.S.) war ein erster Lösungsansatz, um die vorgegebenen Zielstellungen langfristig umzusetzen. Die Maßnahmen des Sechs-Punkte-Programms, welche Richtlinien für den Ausbau erneuerbarer Energien und Energieeffizienzmaßnahmen beinhalten, verdeutlichten, wie sich der energiepolitische Diskurs zukünftig entwickeln sollte. Das von Umweltminister Norbert Röttgen und Wirtschaftsminister Rainer Brüderle erstellte Programm löste zwar zunächst eine Diskussion über die Finanzierung der Energiewende aus, hatte jedoch zur Folge, dass die finanziellen Maßnahmen auf Basis eines zwischenparteilichen Konsenses konkretisiert und für die zukünftige Energieversorgung beschlossen wurden (FURLONG 2011:o.S.).

Mit der abschließenden Regierungserklärung, in der Bundeskanzlerin Angela Merkel die Ergebnisse der Energiedebatte zusammenfasste, wurde nochmals deutlich, welche Aspekte letztlich eine Änderung des hegemonialen Diskurses hervorgerufen haben. Der

Reaktorunfall von Fukushima, als diskursives Ereignis, veranlasste die schwarz-gelbe Regierung ihre Energiepolitik von 2010 grundlegend zu überdenken. Der Aspekt einer neuen Risikobewertung der Kernenergienutzung war dabei während der gesamten Energiedebatte von entscheidender Bedeutung und beeinflusste nahezu jede Maßnahme, die mit der Neuordnung der Energiepolitik in Verbindung stand. Dass die Energiedebatte im Ergebnis zu einem Energiekonsens zwischen der schwarz-gelben Koalition und der Opposition führte, lag insbesondere an der Einsicht von Union und FDP, mit der 2010 beschlossenen Laufzeitverlängerung eine politische Fehlentscheidung getroffen zu haben.

4.3 Zusammenfassende Betrachtung der Diskurse

Die Ergebnisse der Diskursanalyse verdeutlichen, dass sich die energiepolitischen Debatten von 2010 und 2011 sowohl in ihrer Entstehung als auch in ihrer diskursiven und temporären Entwicklung grundsätzlich voneinander unterscheiden. Das Atomunglück von Fukushima stellt dabei im gesamten Verlauf des Diskurses eine Schlüsselstelle dar, welche die inhaltlich-politische Ausrichtung der regierenden Parteien neu formiert. Es veranlasste die schwarz-gelbe Koalition, ihre konservative Haltung gegenüber der atomaren Energieerzeugung zu überdenken und eine politische Neuorientierung anzustreben. Die einstige Programmatik, mit der im Jahr zuvor das als *„Revolution“* bezeichnete Energiekonzept skizziert wurde, verlor dabei ebenso an Bedeutung, wie die autoritäre Art und Weise, mit der die Bundesregierung den Beschluss einer Laufzeitverlängerung von Atomkraftwerken durchsetzte. In der Energiedebatte nach dem Reaktorunfall von Fukushima galt es in erster Linie eine schnelle Entscheidung zu treffen, die eine parteipolitische Profilierung außen vor lässt. Die Entschlossenheit, ein Ergebnis zu finden, das auf einem gesamtgesellschaftlichen Konsens aufbaut, wirkte sich insgesamt positiv auf den Diskussionsprozess aus, da somit das Konfliktpotential schon zu Beginn der Debatte eingeschränkt wurde.

In der Gesamtinterpretation beider Diskurse kommt zum Ausdruck, dass die Atomkatastrophe von Japan eine, für den Verlauf des Diskurses, bedeutende Veränderung in der deutschen Atompolitik bewirkt hat. Der Einfluss des externen Ereignisses bedingte eine Neubewertung der Risiken in der Nutzung der Kernenergie, wobei, aufbauend auf dem Aspekt der Sicherheit, alle weiteren energiepolitischen Maßnahmen modifiziert wurden. Zielvorgaben, die im Energiekonzept von 2010 als relevant für die zukünftige Energieversorgung angesehen wurden, nahmen in der Neuausrichtung der Energiepolitik 2011 eine untergeordnete Rolle ein.

Bemerkenswert an der politischen Neuorientierung ist vor allem die Tatsache, dass aufgrund der Sicherheitsgewährleistung für die Gesellschaft eine finanzielle Mehrbelastung für Wirtschaft und Verbraucher in Kauf genommen wird. In diesem Fakt, welcher mithilfe der Laufzeitverlängerung von Atomkraftwerken verhindert werden sollte, sieht die Regierung nun ein Potential, um den Ausbau erneuerbarer Energien zu beschleunigen. Dass dieses Ziel bereits im Energiekonzept von 2010 formuliert, jedoch auf eine andere Art umgesetzt werden sollte, lässt im Nachhinein Zweifel an der Entscheidung einer Verlängerung der Atomlaufzeiten aufkommen. Auch nach dem Abschalten der Atomkraftwerke kann eine Energieversorgung bereitgestellt werden, welche die Zielvorgaben des Energiekonzeptes von 2010 nahezu gleichermaßen erfüllt. „Die Sicherstellung einer zuverlässigen, wirtschaftlichen und umweltverträglichen Energieversorgung“ (BMWi & BMU 2010:3) wird dabei ebenso gewährleistet, wie „ein wirksamer Klima- und Umweltschutz sowie eine wirtschaftlich tragfähige Energieversorgung“ (BMWi & BMU 2010:3). Zudem wird die Bezahlbarkeit der Stromkosten auch nach dem Atomausstieg gewährleistet sein. Die Preise für Strom werden zwar vorerst minimal ansteigen, jedoch soll dieser Preisanstieg mithilfe innovativer Technologien im Bereich erneuerbarer Energien und, daraus resultierend, einer verbesserten Energieeffizienz ausgeglichen werden.

Zusammenfassend hat der Reaktorunfall im japanischen Fukushima nicht nur eine Neubewertung der Kernenergienutzung bewirkt, sondern eine Energiewende geschaffen, die weitestgehend auf dem politischen Interesse der Gesellschaft aufbaut und einen Energiekonsens zwischen den führenden Parteien herstellt. Die Kernenergie wird zukünftig auch weiterhin als Brückentechnologie fungieren, um den Weg in das Zeitalter der erneuerbaren Energien zu ermöglichen. Die Laufzeit bestehender atomarer Anlagen wird jedoch im Verhältnis zum Fortschritt des Ausbaus regenerativer Energieträger gesehen und derzeit auf das Jahr 2022 begrenzt.

5 Fazit

Die deutsche Energiepolitik war seit dem Beschluss über den Ausstieg aus der Kernenergienutzung im Jahr 1998 von einer langfristigen Entscheidungsfindung zwischen der Bundesregierung und den Atomkraftwerksbetreibern sowie Vertretern der erneuerbaren Energien gekennzeichnet. Neben dem Interessenkonflikt der am Diskurs beteiligten Akteure aus Wirtschaft und Politik, hatte vor allem die gegensätzliche energiepolitische Ausrichtung der regierenden Parteien dazu beigetragen, dass vorerst kein beständiges Energiekonzept für die deutsche Energieversorgung umgesetzt werden konnte. Die unterschiedlichen Zielvorgaben der führenden Parteien konnten während der letzten zwölf Jahre, in denen eine Einigung über die zukünftige Energiepolitik gefunden werden sollte, sowohl in der Amtszeit von SPD und Bündnis 90/Die Grünen als auch in der Amtszeit von CDU/CSU und FDP nur teilweise umgesetzt werden.

Die inhaltlichen Schwerpunkte, welche in der Vereinbarung vom 14. Juni 2000 von der rot-grünen Koalition und im Energiekonzept vom 28. September 2010 von der schwarz-gelben Koalition formuliert wurden, unterschieden sich dabei im Hinblick auf die energiepolitischen Zielsetzungen kaum voneinander. Das Hauptziel der zukünftigen Energieversorgung sollte in beiden politischen Ausrichtungen der Weg in das Zeitalter der erneuerbaren Energie sein. Wie die Inhalte der Vereinbarung vom 14. Juni 2000, des Integrierten Energie- und Klimaprogramms als auch des Energiekonzepts vom 28. September 2010 wiedergeben, waren Zielstellungen, wie die Gewährleistung einer sicheren, bezahlbaren und umweltfreundlichen Energieversorgung sowie die Erhöhung des Marktanteils erneuerbarer Energien, ein wichtiger Bestandteil in allen drei Dokumenten. Die Unterschiede lagen lediglich in den Maßnahmen, mit denen diese Ziele realisiert werden sollten. Dass die schwarz-gelbe Bundesregierung für die Umsetzung der Zielstellungen die Energieerzeugung aus atomaren Anlagen als notwendig betrachtete, war der eigentliche Grund für die im Jahr 2010 ausgelöste Energiedebatte, die im Ergebnis zur Laufzeitverlängerung von Atomkraftwerken führte. Die Änderung des im Jahr 2002 beschlossenen Atomgesetzes baut nicht auf einem einheitlichen Energiekonsens auf, sondern ist vielmehr das Resultat einer politischen Handlungsweise, mit der insbesondere die CDU ihre damalige konservative Haltung gegenüber der Kernenergie unterstreicht.

Nachdem sich im März 2011 der Atomunfall von Fukushima ereignete, hatte dies nicht nur Auswirkungen auf den energiepolitischen Kurs der schwarz-gelben Bundesregierung. Das Ereignis bewirkte in den regierenden Parteien ein Umdenken, das den Aspekt der Sicherheit für die Gesellschaft auf einen neuen Bewertungsmaßstab setzte und sich somit positiv auf den Verlauf der Energiedebatte auswirkte. Erstmals wurde während des gesamten energiepolitischen Diskurses um das Konfliktthema der Kernenergie ein gesellschaftlicher Konsens gefunden, der aufgrund der allgemeinen Zustimmung führender Parteien und den Energiekonzernen zukunftsfähig ist.

Literaturverzeichnis

BANNAS, G. (2011a): „Atom-Treffen“ im Kanzleramt. Merkel setzt Ethik-Kommission zur Kernkraft ein. – FAZ.NET, <http://www.faz.net/-01q7ak> (Stand: 2011-03-22) (Zugriff: 2011-06-10).

BANNAS, G. (2011b): Bundesregierung. Reaktoren „ergebnisoffen“ prüfen. – FAZ.NET, <http://www.faz.net/-01rcik> (Stand: 2011-04-02) (Zugriff: 2011-06-10).

BANNAS, G. (2011c): Energiegipfel im Kanzleramt. Blitzartiger Atom-Ausstieg. – FAZ.NET, <http://www.faz.net/-01sk4q> (Stand: 2011-04-15) (Zugriff: 2011-06-12).

BMU (BUNDESMINISTERIUM FÜR UMWELT, NATURSCHUTZ UND REAKTORSICHERHEIT) (2002a): Nationales Klimaschutzprogramm. Beschluss der Bundesregierung vom 18. Oktober 2000. <http://www.bmu.de/klimaschutz/nationale_klimapolitik/doc/6886.php> (Stand: 2000-10-18) (Zugriff: 2011-06-24).

BMU (BUNDESMINISTERIUM FÜR UMWELT, NATURSCHUTZ UND REAKTORSICHERHEIT) (2002b): Nationales Klimaschutzprogramm. Sonderteil. <http://www.bmu.de/files/pdfs/allgemein/application/pdf/klimaschutzprogramm 2000.pdf> (Stand: 2000-10-18) (Zugriff:2011-06-24).

BMU (BUNDESMINISTERIUM FÜR UMWELT, NATURSCHUTZ UND REAKTORSICHERHEIT) (2002C): Neues Atomgesetz tritt in Kraft. Atomausstieg ist die konsequente Antwort auf Tschernobyl. <http://www.bmu.de/pressearchiv/14_legislaturperiode/pm/1472.php> (Stand: 2002-04-25) (Zugriff: 2011-05-22).

BMU (BUNDESMINISTERIUM FÜR UMWELT, NATURSCHUTZ UND REAKTORSICHERHEIT) (2000): Vereinbarung zwischen der Bundesregierung und den Energieversorgungsunternehmen vom 14. Juni 2000. < http://www.bmu.de/atomenergie_sicherheit/downloads/doc/4497.php> (Stand:2000-06-14) (Zugriff: 2011-05-20).

BMWI (BUNDESMINISTERIUM FÜR WIRTSCHAFT UND TECHNOLOGIE) & BMU (BUNDESMINISTERIUM FÜR UMWELT, NATURSCHUTZ UND REAKTORSICHERHEIT) (2007): Bericht zur Umsetzung der in der Kabinettsklausur am 23./24..08.2007 in Meseberg beschlossenen Eckpunkte für ein Integriertes Energie- und Klimaprogramm. <http://www.bmu.de/klimaschutz/nationale_klimapolitik/doc/44497.php> (Stand: 2011-05-12) (Zugriff: 2011-06-25).

BMWI (BUNDESMINISTERIUM FÜR WIRTSCHAFT UND TECHNOLOGIE) & BMU (BUNDESMINISTERIUM FÜR UMWELT, NATURSCHUTZ UND REAKTORSICHERHEIT) (2010): Energiekonzept für eine umweltschonende, zuverlässige und bezahlbare Energieversorgung. Berlin.

DEUTSCHER BUNDESTAG (2010): Laufzeitverlängerung von Atomkraftwerken zugestimmt. <http://www.bundestag.de/dokumente/textarchiv/2010/32009392_kw43_de_atompolitik/index.html> (Stand: 2010-10-22) (Zugriff: 2011-05-16).

EISELE, J. (2011): Atomdebatte. Merkel will Konsens über Energiepolitik. – Zeit Online, <http://www.zeit.de/politik/deutschland/2011-04/energiepolitik-merkel-konsens> (Stand: 2011-04-02) (Zugriff: 2011-06-10).

FURLONG, C. (2011): Energiewende. Die Kosten des Atomausstiegs. – Zeit Online, <http://www.zeit.de/wirtschaft/2011-04/atomausstieg-fragen-antworten> (Stand: 2011-04-13) (Zugriff: 2011-06-15).

GROßMANN, J. (2010): Atomdebatte. RWE-Chef Großmann „Sauber, bezahlbar und sicher". – Süddeutsche Zeitung (2010-08-02).

HAMANN, G. (2010): Stromkonzerne. Gut vernetzt. – Die Zeit 37 (2010-09-09).

JÄGER, S. (2004): Kritische Diskursanalyse. Eine Einführung. Münster: Unrast Verlag.

JAHN, J. & SATTAR, M. (2011): Energiewende. Koalition stellt Atomkonsens in Aussicht. – FAZ.NET, <http://www.faz.net/-01rpxw> (Stand: 2011-04-03) (Zugriff: 2011-06-12).

JAHN, J. (2010): Streit um Kernenergie. Merkel hält an Brennelementesteuer fest. – Frankfurter Allgemeine Zeitung, 194 (2010-08-23), 9.

KELLER, R. (2011[4]): Diskursforschung. Eine Einführung für SozialwissenschaftlerInnen. Wiesbaden: Verlag für Sozialwissenschaften.

MAYRING, P. (1999): Qualitative Inhaltsanalyse. Grundlagen und Techniken. Weinheim: Psychologie Verlags Union.

MIHM, A. (2010a): Atomkraft. Bundestag stimmt neuem Atomgesetz zu. – Frankfurter Allgemeine Zeitung, 252 (2010-10-29), 1.

MIHM, A. (2010b): Energiepolitik. Ende im Streit um die Atomkraftwerke in Sicht. – FAZ.NET, <http://www.faz.net/-01hbuc> (Stand: 2010-09-03) (Zugriff: 2011-05-16).

MIHM, A. (2011): Einigung der Ministerien. Sechs-Punkte-Programm für Energiewende. – FAZ.NET, <http://www.faz.net/-01s4vm> (Stand: 2011-04-08) (Zugriff: 2011-06-12).

REUBER, P. & PFAFFENBACH, C. (2005): Methoden der empirischen Humangeographie. Braunschweig: Westermann Verlag.

SATTAR, M. (2011): Merkel für „Atomausstieg mit Augenmaß". Regierungserklärung der Kanzlerin: Gabriel und Faymann für EU-Volksabstimmung. – Frankfurter Allgemeine Zeitung 65 (2011-03-18), 1.

SCHÄFERS, M. (2010): Längere Atomlaufzeiten. Regierung zieht ihr Energiekonzept durch. – FAZ.NET, <http://www.faz.net/-01ib9g> (Stand: 2010-09-28) (Zugriff: 2011-05-16).

UKEN, M. (2010): Atomkraft. Schwarz-gelbes Energiechaos. – Zeit Online, <http://www.zeit.de/wirtschaft/unternehmen/2010-07/laufzeitverlaengerung> (Stand: 2010-07-02) (Zugriff: 2011-05-13).

VORHOLZ, F. (2010): Energiepolitik. Atom bleibt, Öko kommt vielleicht. – Die Zeit 37 (2010-09-09).

[o. Verf.] (2009a): Energiepolitik. Union und FDP verlängern Atom-Laufzeiten. – Zeit Online, <http://www.zeit.de/politik/deutschland/2009-10/koalition-kernkraft-atom> (Stand: 2009-10-18) (Zugriff: 2011-05-12).

[o. Verf.] (2009b): Verhandlungsmarathon. Schwarz-Gelb einigt sich schrittweise. – Zeit Online, < http://www.zeit.de/politik/deutschland/2009-10/cdu-fdp-koalitionsverhandlungen> (Stand: 2009-10-17) (Zugriff: 2011-05-12).

[o. Verf.] (2010a): Zukunft der Energieversorgung. Merkel: Ziel ist das Zeitalter der erneuerbaren Energien. – FAZ.NET, <http://www.faz.net/-01gstk> (Stand: 2010-08-27) (Zugriff: 2011-05-15).

[o. Verf.] (2010b): Zukunft der Kernkraft. Im Schnitt zwölf Jahre längere Laufzeit. – FAZ.NET, <http://www.faz.net/-01heyk> (Stand: 2010-09-05) (Zugriff: 2011-05-16).

[o. Verf.] (2011a): Energiegipfel. Reaktionen: Krach um Ausstiegs-Kosten. – Süddeutsche Zeitung, <http://www.sueddeutsche.de/politik/energiegipfel-reaktionen-krach-um-ausstiegs-kosten-1.1086094> (Stand: 2011-04-16) (Zugriff: 2011-06-15).

[o. Verf.] (2011b): Energiewende bis 2022. Kabinett beschließt Atomausstieg. – FAZ.NET, <http://www.faz.net/-01wvsm> (Stand: 2011-06-06) (Zugriff: 2011-06-15).

[o. Verf.] (2011c): Klaus Töpfer, Chef der Atom-Kommission. „Wir können nicht sofort aussteigen“. – FAZ.NET, <http://www.faz.net/-01qruk> (Stand: 2011-03-30) (Zugriff: 2011-06-10).

[o. Verf.] (2011d): Regierung beschließt Moratorium für Laufzeitverlängerung. Biblis, Neckarwestheim werden abgeschaltet. – Frankfurter Allgemeine Zeitung 62 (2011-03-15), 62.

[o. Verf.] (2011e): Regierungserklärung zur Energiewende. „Eine Herkulesaufgabe“. – FAZ.NET, <http://www.faz.net/-01x2c9> (Stand: 2011-06-09) (Zugriff: 2011-06-15).

[o. Verf.] (2011f): Union forciert Atomausstieg. Ein neues Energiezeitalter muss her. – Süddeutsche Zeitung, <http://www.sueddeutsche.de/politik/union-forciert-atomausstieg-ein-neues-energiezeitalter-muss-her-1.1080526> (Stand: 2011-04-02) (Zugriff: 2011-06-10).